环境工程微生物实验教程

主　编　龙建友　阎　佳
副主编　王筱虹　夏建荣

北京理工大学出版社
BEIJING INSTITUTE OF TECHNOLOGY PRESS

图书在版编目（CIP）数据

环境工程微生物实验教程/龙建友，阎佳主编 . —北京：北京理工大学出版社，2019.1（2020.1重印）

ISBN 978 - 7 - 5682 - 6602 - 4

Ⅰ.①环…　Ⅱ.①龙…②阎…　Ⅲ.①环境微生物学 – 实验 – 高等学校 – 教材　Ⅳ.①X172 – 33

中国版本图书馆 CIP 数据核字（2019）第 004041 号

出版发行 / 北京理工大学出版社有限责任公司

社　　址 / 北京市海淀区中关村南大街 5 号

邮　　编 / 100081

电　　话 / （010）68914775（总编室）

　　　　　（010）82562903（教材售后服务热线）

　　　　　（010）68948351（其他图书服务热线）

网　　址 / http：//www. bitpress. com. cn

经　　销 / 全国各地新华书店

印　　刷 / 北京虎彩文化传播有限公司

开　　本 / 710 毫米 × 1000 毫米　1/16

印　　张 / 8.75　　　　　　　　　　　　　　责任编辑 / 多海鹏

字　　数 / 150 千字　　　　　　　　　　　　文案编辑 / 郭贵娟

版　　次 / 2019 年 1 月第 1 版　2020 年 1 月第 2 次印刷　　责任校对 / 周瑞红

定　　价 / 36.00 元　　　　　　　　　　　　责任印制 / 李志强

编 委 会

主　编　龙建友　阎　佳

副主编　王筱虹　夏建荣

编　委（以拼音字母先后为序）

陈迪云　陈镇新　崔明超　孔令军

李伙生　龙建友　庞　博　苏敏华

王伟彤　王筱虹　吴颖娟　夏建荣

肖唐付　阎　佳　张发根

前　言

　　环境工程微生物学与微生物学、环境科学、环境工程学等紧密交叉，是运用环境工程和微生物相结合的手段和方法处理生态环境中的污染物和实现资源稳定再生利用、最大限度地降低污染物对环境造成的影响的一门交叉学科。其实验课程是环境科学和环境工程专业学生必修的一门理论与实践相结合的课程。鉴于此，本实验课程注重该学科实践的实用性和前沿性，通过开设本实验课程，加强了学生对相关理论基础知识的掌握和对专业技能的理解，在训练学生基本操作的基础上，锻炼了学生的科研能力和综合能力。而且，随着工农业的迅速发展及全球人口的快速增长，污染引起的环境日趋恶化问题，突显了环境工程微生物学在污染治理和改善环境的应用中的作用，因此掌握必要的环境工程微生物学实验基本操作技能对于加深了解和巩固环境工程微生物学的相关理论，从事环境工程及相关专业的技术研究工作具有重要的指导意义。全书的实验大致可以分为三类：第一类为基础性实验，目的是加强学生对微生物概念及基本理论知识的掌握和理解，如普通光学显微镜的使用、培养基的制备与灭菌等；第二类为综合性实验，目的是提高学生的实际操作能力，培养学生理论联系实际及发现问题、分析问题和解决问题的能力，如空气微生物检测、水中细菌总数的测定、土壤微生物的分离及计数等；第三类为研究性实验，目的是培养学生的主动创新和解决实际科学问题的能力，如污染土壤环境中功能微生物的分离、筛选及驯化，功能微生物菌株对镉的吸附，实验室酸牛乳发酵及指标检测等。

本书可作为高等院校环境工程、环境监测、资源与环境等专业的学生教材，也可供相关专业研究人员及实验技术人员参考。

由于编者学识有限，书中纰漏之处在所难免，恳请业内同行和广大读者批评指正，以便修订再版时使之更加完善。

编　者

目　录

实验一　普通光学显微镜的使用

普通光学显微镜（Light Microscope）是利用光学原理，把人眼所不能分辨的微小物体放大成像，以供人们提取微细结构信息的光学仪器。普通光学显微镜通常以自然光或灯光为光源，普通光学显微镜的最大分辨率为波长的一半，即 0.25 μm，而肉眼所能看到的最小形象为 0.2 mm，故在普通光学显微镜下用油浸物镜（以下简称"油镜"）放大 1 000 倍，可将 0.25 μm 的微粒放大到 0.25 mm，这样肉眼便可以看清。一般的细菌均大于 0.25 μm，故用普通光学显微镜即可看清楚。由于许多细菌的大小与普通光学显微镜的分辨率处于同一个数量级，故为了看清细菌的形态与结构，经常使用油镜来提高普通光学显微镜的分辨率。在普通光学显微镜的使用中，油镜的使用是一项十分重要的操作技术。

一、实验目的

（1）认识和了解普通光学显微镜的基本结构及工作原理。

（2）理解和掌握普通光学显微镜，重点是油镜的使用说明和维护技巧。

（3）在油镜下观察细菌的几种基本形态。

（4）采用悬滴法在高倍镜下观察细菌运动。

二、基本原理

（一）普通光学显微镜的构造

普通光学显微镜的组成分为两部分：机械系统和光学系统。如图 1 - 1 所示，为普通光学显微镜的基本结构。

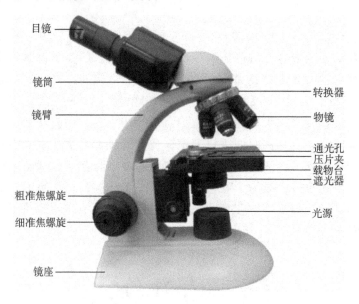

目镜

镜筒

镜臂

转换器

物镜

通光孔
压片夹
载物台
遮光器

粗准焦螺旋

细准焦螺旋

光源

镜座

图 1 - 1　普通光学显微镜的基本结构

1. 机械系统

机械系统包括镜座、镜臂、镜筒、转换器、载物台、调节器等。

（1）镜座（Base）：位于普通光学显微镜最底端，呈马蹄形，支持全镜。

（2）镜臂（Arm）：有固定式和活动式两种。其中，活动式的镜臂可改变角度以支持镜筒。

（3）镜筒（Body Tube）：镜筒分单筒和双筒两种，是连接普通光学显微镜物镜和目镜的金属圆筒。单筒显微镜又可分为直立式和倾斜式两种，而双筒显微镜的镜筒都是倾斜结构，倾斜角度大多为 45°。双筒显微镜其中的一个目镜具有屈光度调节装置，可供两眼视力不同时调节使用。镜筒上端的圆孔可插入目镜，下端与物镜转换器相连。镜筒长度一般是固定的，通常为 160 mm，但有些显微镜的镜筒长度可以调节。

（4）转换器（Nosepiece）：位于镜筒的下端，是用于安装物镜的一个圆盘，表面上通常装有 4 个放大倍数（5×、10×、20×和40×）的物镜。为了使用方便，物镜倍数的大小一般由低倍到高倍进行安装。可通过转动物镜转换器来选择不同倍数的物镜。注意，在转换物镜时，必须用手缓慢转动圆盘，切勿用手推拉物镜，以免导致物镜松动或脱落而损坏物镜。

（5）载物台（Stage）：又称镜台，一般为方形和圆形，是用于放置标本并与显微镜光轴垂直的平台。平台上通常装有移动装置，用以固定和移动标本，同时所有光学显微镜载物台中央有一个圆孔。载物台上的刻度可以标示玻片的坐标位置，另还装有两个金属夹片，用于固定标本；有的装有标本推动器，将标本固定后，能向前后左右推动。有的推动器上还有刻度，能确定标本的位置，便于找到变换的视野。

（6）调节器：也称调节螺旋，位于显微镜右下端，为镜壁上两种可转动的螺旋（即粗准焦螺旋和细准焦螺旋），其可使镜筒上下移动，以调节焦距。其中，粗准焦螺旋位于镜臂的上方，可以转动，以使镜筒上下移动，从而调节焦距。粗准焦螺旋的镜筒升降较快，一般用于初步对焦；细准焦螺旋，位于镜臂的下方，它的移动范围较粗准焦螺旋小，镜筒升降较慢，可以细调焦距。

2. 光学系统

光学系统包括目镜、物镜、聚光器、反光镜等。

（1）目镜（Ocular Lens）：一般由两块透镜组成，装于镜筒上端，其功能是把由物镜放大的物像再次放大。目镜一般由两个凸透镜构成，它除了进一步扩大物镜所形成的实像之外，也限制了眼睛所观察的视野。按放大率分，目镜上刻有 5×、10×、15×、20×等放大倍数。可按需选用。我们所观察到的标本的物像，其放大倍数是物镜和目镜放大倍数的乘积。如物镜是 40×，目镜是 10×，其物像的放大倍数是 40×10＝400 倍。

（2）物镜（Objective Lens）：物镜一般位于显微镜筒的下方，接近所观察的标本。其作用是将所观察物体作第一次放大，由 8～10 片透镜组成。其主要起 3 个方面的作用：一是放大标本物体的实像；二是确保物体成像的质量；三是提高清晰度。常用物镜可按放大率分为低倍（4×）、中倍（10×或20×）、高倍（40×）和油镜（100×）。多个物镜共同镶在换镜转盘上，可以按需转动转盘以选择不同倍数的物镜。一般油镜上刻有"OI"（Oil Immersion）或"HI"（Homogeneous Immersion）字样，有的刻有一圈红线或黑线，以示区别。物镜上通常标有放大倍数、数值孔径（Numerical Aperture，NA）、工作距离（物镜下端至盖玻片的距离，单位为 mm）及盖玻片厚度等参数。以油镜为例，100/1.25 表示放大倍数为 100 倍，数值直径为 1.25；160/0.17 表示镜筒长度为 160 mm，盖玻片厚度等于或小于 0.17 mm。

（3）聚光器（Condenser）：由聚光镜和虹彩光圈组成。其中，聚光镜由透镜组成，其作用是将光源射出的光线汇集成光锥并照射被观察标本，使标本照明度增加，形成合适的光锥角度，提高物镜的分辨力。聚光镜数值孔径可大于 1.00，当使用数值孔径大于 1.00 的聚光镜时，需在聚光镜和载玻片之间滴加香柏油，目的是改变折射率，取代中间的空气，从而让射入高倍镜头的光线增多，看得更加清晰，否则折射率只能达到 1.00。虹彩光圈由薄金属片构成，中心形成圆孔状，可推动把手调整透过光线的强弱。调整聚光镜的高度和虹彩光圈的大小，可得到合适的光照强度和较为清晰的图像。当使用低倍物镜时应适当调低聚光器高度，使用油镜时则相应增加聚光器高度。在观察透明物体时，应适当调小光圈，增强光照在标本上的汇集反应，以便看清标本。

（4）反光镜（Reflector）：是光学显微镜的取光装置，作用是采集外源光线，并将完成汇集射向聚光器。反光镜位于聚光器下方的镜座上，可水平和垂直旋转。反光镜的一面是凹面镜，另一面是平面镜。一般情况下选用平面镜，光线不足时使用凹面镜。

（二）普通光学显微镜的性能

1. 数值孔径

数值孔径在光学系统中是一个无量纲常数，用于衡量光学系统里收集光的角度范围。数值孔径的含义因在光学的不同领域而不同。在光学显微镜领域（普通光学显微镜系统成像原理如图 1-2 所示），数值孔径描绘的是物镜收光锥角的大小，而收光锥角又决定了光学显微镜收光能力和空间分辨率的大小。

在光学显微镜领域，光学系统的数值孔径可定义为

$$NA = n\sin\theta \qquad (1-1)$$

式中，n 表示介质折射率（空气的折射率为 1.00，纯水的折射率为 1.33，油类的折射率为 1.56）；θ 表示光线进出透镜时最大锥角的一半，也可表示为被

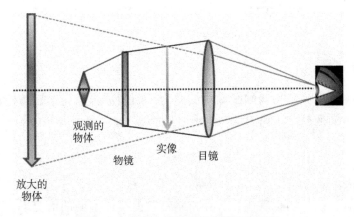

观测的
物体

实像 目镜

物镜

放大的
物体

图1-2 普通光学显微镜系统成像原理

观察物体在光轴上一点到光阑边缘的光线与光轴之间的夹角（即镜口角）。

由于数值孔径在定义中考虑了折射率因素的影响，因而当光线通过平面由一种介质进入另一种介质时，数值孔径仍是一个常量。在光学显微镜领域中，由于透镜的数值孔径决定了其空间分辨率的大小，因而数值孔径是非常重要的参数。光学显微镜的最高分辨能力与 $\lambda/2NA$ 成正比，其中 λ 表示光的波长。高数值孔径的透镜比低数值孔径的透镜具有更高的分辨空间细节的能力。同时，物镜的数值孔径还与物镜的性能相关，数值孔径越大，说明物镜的性能越强。由公式（1-1）可推断，要提高数值孔径，一个直接有效的途径就是提高被观察标本与物镜间的介质折射率，如图1-3所示。以空气为介

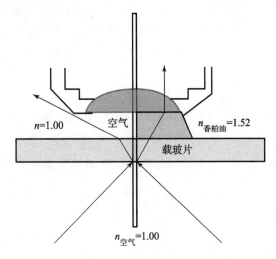

空气

$n=1.00$

$n_{香柏油}=1.52$

载玻片

$n_{空气}=1.00$

图1-3 物镜与标本之间的介质的折射率

质时：NA = 1 × 0.87 = 0.87；以水为介质时：NA = 1.33 × 0.87 = 1.15；以香柏油为介质时：NA = 1.52 × 0.87 = 1.32。

2. 分辨率

分辨率就是分辨物像细微结构的能力，用能被普通光学显微镜清晰区分的两个物点间的最小距离 D 表示。其计算公式为

$$D = \frac{\lambda}{2NA} \qquad (1-2)$$

式中，λ 表示光波波长；D 表示分辨率，D 值越小，分辨率越高。

由式（1-2）可以看出，在保持物镜数值孔径不变的情况下，分辨率的大小与光波波长成正比。因此，要提高物镜分辨率，下列两个途径可以采取：

（1）利用短波光源。在普通光学显微镜领域中，照明光源一般为可见光，其波长范围为 400 ~ 700 nm，而短波波长范围为 300 ~ 470 nm，因此缩短照明光源的波长可以降低 D 值，从而提高物镜分辨率。

（2）增加物镜数值孔径。增加镜口角 α 或提高介质折射率 n，都可以提高物镜分辨率。若用可见光作光源（波长范围为 380 ~ 760 nm），并利用油镜（数值孔径为 1.25）对标本进行观察，则能分辨出的两点距离约为 0.22 μm。

3. 放大率

普通光学显微镜利用物镜和目镜两组透镜来放大成像，被观察标本先被物镜放大成像，然后被目镜放大成像，因而又被称作复式显微镜。所谓放大率，是指目视普通光学显微镜时所形成虚像的角放大率。因此，普通光学显微镜的放大率（V）是物镜放大倍数（V_1）和目镜放大倍数（V_2）的乘积，可用下列公式计算，即

$$V = V_1 \times V_2 \qquad (1-3)$$

如果物镜放大成像 40 倍，目镜放大成像 20 倍，则标本在该显微镜下的放大倍数是 800 倍。在一般常见的普通光学显微镜中，物镜的最大放大倍数为 100 倍，目镜的最大放大倍数为 15 倍，此时该显微镜的最大放大倍数是 1 500 倍。

4. 焦点深度

焦点深度简称焦深。当焦点聚焦某一观测标本时，此平面上的各点都可以观测清楚，而且在该平面的上下一定厚度内，也能观察清楚，这个清楚部

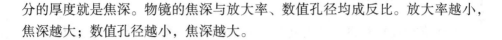

分的厚度就是焦深。物镜的焦深与放大率、数值孔径均成反比。放大率越小，焦深越大；数值孔径越小，焦深越大。

三、实验器材

（1）菌种：培养24 h的枯草芽孢杆菌（Bacillus Subtilis）斜面培养物3～4支。

（2）标本片：具有杆状、球状形态的细菌染色标本。

（3）仪器及相关用品：显微镜、香柏油、二甲苯（或1∶1乙醚酒精溶液）、擦镜纸。

（4）其他用品：载玻片、盖玻片、凹玻片、擦镜纸、酒精灯、接种针、凡士林等。

四、实验步骤

（一）显微镜操作

（1）领取并检查显微镜。实验指导教师向各小组发放显微镜，各小组在领取显微镜时，左手托住镜座底部，右手握紧镜臂，然后轻轻置显微镜于小组实验台上，并仔细检查显微镜各组成是否齐全，镜头是否擦拭洁净。若检查出部件问题，则应及时上报实验指导教师并进行更换。领取的显微镜应置于身体的左前方，身体的右侧则放置绘图本对标本进行绘图记录。

（2）调节光源。优良的光源是保证良好显微效果的重要参数。无光源装置的显微镜，可以通过反光镜利用自然光或灯光来调节光照，在自然光线较强条件下可以使用平面镜；在自然光线很弱或在人工光源情况下用凹面镜。由于直射阳光会影响标本成像的清晰度并容易刺激眼睛，因而此种情况下不适宜进行观察操作。将10×物镜对准圆盘光孔，并将聚光器上的金属光圈打开到最大位置，用左眼观察目镜中视野的亮度，转动反光镜，使视野的光照达到最明亮均匀为止。具有光源装置的显微镜，则可利用旋钮装置进行电流调节。当镜检染色物体时，应增强光线强度；当镜检未染色物体时，应适当降低光线强度。

（3）低倍物镜观察。当使用物镜观察标本时，光圈具较大的视野角度，且焦距很大，在此视野下，所观察标本更容易被找到，所以，在观察标本时，应先从低倍物镜开始。此时，将所观察标本置于载玻片上，并用压片夹将其固定，通过旋钮调整载玻片至载物台正中央，使物镜和所观察标本保持 10 ~ 15 mm 的距离；然后，调整目镜之间的距离并用双眼进行观察，同时，右手缓慢调整粗准焦螺旋并使物镜缓慢升高至视野内出现所观察标本；之后调节细准焦螺旋，当视野中央的标本呈现较为清晰的图像时，再转换为中倍或高倍物镜进行观察。

（4）中倍或高倍物镜观察。在使用低倍物镜镜检清晰的基础上，使用中倍或高倍物镜进行观察。当由低倍物镜转化为中倍或高倍物镜时，注意从侧面观察物镜与载物台之间的距离，以防止物镜的镜头与载玻片发生碰撞而损坏镜头。然后适当调节光照强度，用目镜进行观察，如所观察标本成像模糊，则此时应轻轻调节粗准焦螺旋，使载物台缓慢上升直至载玻片中央视野内出现物象后，再缓慢调节细准焦螺旋，使所观察标本呈现至目镜视野的正中央。

（5）油镜观察。将粗准焦螺旋调节至距载物台大约 3 cm，并将油镜转化至正下方；将一滴香柏油滴加在标本所需观察的位置；然后，用粗准焦螺旋将镜筒缓慢降低，并注意观察使油镜完全浸入香柏油。此时，油镜的镜头几乎与所观察标本相连，但不能使镜头接触到标本。如果调节粗准焦螺旋的力量过大，就会使镜头压碎载玻片，同时，油镜的镜头也会损坏；从目镜内观察，并增加光线强度，当光线合适后，再使用粗准焦螺旋慢慢升高镜筒，直至目镜视野内呈现物像为止；最后改用细准焦螺旋调整焦距。如油镜离开油面后仍未观察到标本的成像，则必须要从侧面进行观察，并将油镜缓慢降低。反复操作该步骤，直至能清晰观察到标本为止。

（6）调换标本。若要观察不同的标本，则必须重新滴加香柏油并从步骤（3）开始重新调节。

（7）用后复原。当标本观察完毕后，轻轻转动粗准焦螺旋使镜头缓慢上升，取走载物台上的载玻片，用擦镜纸轻轻擦去镜头上的香柏油，并用擦镜纸蘸取少许二甲苯或 1∶1 乙醚酒精溶液。反复擦拭多次，再用干净的擦镜纸擦去残留的溶液，之后用细软的毛巾去除残留在机械零部件上的冷凝水和灰尘。缓慢降低镜筒，将物镜置于载物台上，缓慢降低聚光器，避免物镜与聚光器发生碰撞。为防受损，要使反光镜垂直于镜座上。最后，将所用显微镜放置于专用显微镜箱中，锁好后，置于实验室规定的显微镜柜内。

（二）细菌形态观察

（1）在熟悉油镜的使用后，练习观察球状细菌和杆状的染色形态。
（2）在普通光学显微镜下观察酵母菌和霉菌的形态，并绘图。

（三）细菌运动性观察

许多革兰氏细菌具有鞭毛，并能在水环境中自由运动。通常用悬滴法和水浸片法在普通光学显微镜下观察细菌的运动。

1. 悬滴法

准备一个清洁的盖玻片，用接种针挑取少量凡士林，涂布在盖玻片表面；在无菌操作间内，用无菌移液枪吸取培养好的枯草芽孢杆菌菌悬液 100 μL 于盖玻片中央；然后取洁净的凹玻片一块，凹窝向下并完全覆盖在含有孢子悬浮液的盖玻片上；将凹玻片倒置，使菌悬液悬挂于盖玻片表面。当制成悬滴片后，按照相关操作步骤，首先用低倍物镜（10×）找到悬滴液，然后转换成高倍物镜进行观察，并调节细准焦螺旋，便可以观察到目镜视野内的细菌运动情况。

2. 水浸片法

用无菌移液枪吸取培养了 24 h 的枯草芽孢杆菌菌悬液 100 μL，并将该菌悬液置于洁净的载玻片中央，为避免气泡产生，缓慢盖上盖玻片。之后，在用低倍物镜搜寻到观察物体后，转换为中高倍物镜进行观察。

五、注意事项

（1）切勿主动拆卸普通光学显微镜的机械零部件，以免将其损坏。
（2）为了保持显微镜镜面的清洁，请务必用擦镜纸擦拭镜面；勿用纸巾或毛巾进行擦拭或清洗。
（3）在对标本进行观察时，请按照上述提及的步骤先用低倍物镜观察，待搜寻到物像后，再转换成中倍或高倍物镜，最后用油镜进行观察。在使用高倍物镜或油镜时，为了避免载玻片与之发生碰撞而导致载玻片被压碎或镜头被损坏，请勿通过粗准焦螺旋来降低镜筒。

（4）在对标本进行长时间观察时，为了减轻眼睛疲劳，养成两眼轮换观察的习惯，以提高效率。

（5）从显微镜柜取显微镜时，请牢记用左手托稳镜座，右手紧握镜臂，切勿单手拿镜臂，更不可倾斜拿镜臂。

六、思考题

（1）油镜与物镜在使用方法上有何不同？应特别注意些什么？

（2）使用油镜时，为什么必须用香柏油？

（3）镜检标本时，为什么先用低倍物镜观察，而不是直接用高倍物镜或油镜观察？

实验二　培养基的制备与灭菌

一、实验目的

（1）熟悉并掌握玻璃器皿洗涤和灭菌的准备工作。

（2）学习制备营养琼脂培养基、察氏培养基和高氏一号培养基。

（3）掌握高压灭菌锅的使用方法，并了解高压蒸汽灭菌技术。

二、基本原理

（1）营养琼脂培养基被广泛用于细菌培养，其主要成分为蛋白胨、牛肉膏和氯化钠。这些成分主要为细菌生长及繁殖提供所需氮源、碳源、无机盐、生长因子和能源等；察氏培养基被广泛用于霉菌等真菌的培养，在配制时，不需对其进行 pH 的调节，使其处于自然状态即可；高氏一号培养基则是适合放线菌生长的合成培养基。其碳源和能源来自可溶性淀粉，氮源来自硝酸钾，无机盐则为硫酸镁、磷酸氢二钾以及硫酸亚铁等。

（2）灭菌指通过物理或化学方法杀死所有微生物的营养细胞及其芽孢（孢子）。消毒与灭菌不同的地方在于：消毒是利用物理或化学方法杀死致病的微生物或所有微生物的营养细胞和一部分芽孢。

三、实验器材

1. 药品和试剂

蛋白胨、牛肉膏、琼脂、可溶性淀粉、马铃薯、氯化钠、蔗糖、KNO_3、K_2HPO_4、$FeSO_4 \cdot 7H_2O$、$MgSO_4 \cdot 7H_2O$、1 mol/L NaOH 和 1 mol/L HCl 等。

2. 实验仪器

电热炉、天平、pH 计。

3. 玻璃器皿

烧杯、移液管、量筒、培养皿、锥形瓶、玻璃棒、玻璃漏斗、无菌试管（带棉塞）、试管（带铝盖）等。

4. 其他

称量纸、搪瓷杯（带刻度）、pH 试纸、纱布、药匙、记号笔、线绳、报纸、标签、牛皮纸等。

四、实验步骤

（一）玻璃器皿的洗涤及包扎

1. 洗涤

玻璃器皿在使用前需进行洗涤。试管、培养皿、锥形瓶等可先用洗衣粉和去污粉刷洗，再以自来水冲净；移液管则可先使用洗液浸泡，再以自来水冲洗。将洗干净的玻璃器皿自然放置晾干或放到烘箱中烘干，备用。

2. 包扎

（1）包扎移液管。用细铁丝将少量棉花塞入移液管的吸端端口，形成

1～1.5 cm 长的棉塞。此举可防止细菌进入移液管管口，同时可避免吸耳球中的细菌被吹入移液管内。塞棉花时要松紧有度，满足在吸液操作中通气顺畅且又不会使棉花被吹入移液管内。棉花塞好后，将该移液管的尖端放在 4～5 cm 宽的长纸条一端，使两者形成约 30° 的夹角；然后通过旋转折叠使包装纸包裹住尖端，并用左手压紧移液管，同时在桌面上做向前搓转动作，使纸条螺旋包裹移液管；最后将多余的纸头折叠并打结。

（2）包扎锥形瓶和试管。先通过锥形瓶瓶口或试管口的大小估算所需纱布的多少。将纱布平铺在锥形瓶瓶口或试管口，逐渐将棉花塞入并防止纱布产生褶皱，在塞至一定长度后用棉线将口子扎紧。需要注意的是，棉塞不宜过紧或过松。简单的检验操作是：以手提棉塞，锥形瓶或试管不下滑为准。对于符合规范的棉塞，其四周应紧贴瓶壁或管壁，不产生空隙或褶皱，以防止空气中的微生物进入。棉塞塞入 2/3 即可，其余部分留在锥形瓶口或试管口外，便于拔除。待锥形瓶或试管塞好后，用牛皮纸将该部分包好并用橡皮筋或细绳捆扎，灭菌。

（二）营养琼脂培养基的配制

营养琼脂培养基的配方详见表 2－1，其配制方法如下。

表 2－1　营养琼脂培养基的配方

成分	含量	灭菌条件
蛋白胨	10 g	
牛肉膏	5 g	
琼脂	20 g	1.21 kg/cm²
氯化钠	5 g	20 min
自来水	1 000 mL	
pH	7.2～7.4	

（1）计算材料用量。根据配方的比例和所需培养基的量，计算材料用量并准确称量相应成分。在本实验中，先准确量取各材料，配成浓缩液，成分如下：

10% 蛋白胨、10% 牛肉膏、琼脂、10% 氯化钠。例如，若要配制 300 mL 培养基，则需称量 30 mL 10% 蛋白胨、15 mL 10% 牛肉膏、6 g 琼脂、15 mL

10% 氯化钠。

（2）配制。将计算并称量好的材料加入搪瓷杯（有刻度），以自来水补足至 300 mL 后，记下刻度。将其置于电热炉上加热、溶解，并不时地用玻璃棒搅拌，防止结块。

（3）调节 pH。按要求将 pH 调至 7.4。用玻璃棒蘸取少量已充分溶解混合的培养液至 pH 试纸上显色，与标准比色卡对比得出 pH 值。用浓度均为 1 mol/L 的 HCl 溶液和 NaOH 溶液调节 pH，调出所需 pH。

（4）加入琼脂。在调好 pH 的液体培养基中加入相应比例的琼脂并加热，辅以玻璃棒不时搅拌（防止糊底煮焦），使其溶解、沸腾，直至琼脂与其完全溶解混合。最后用去离子水补回已蒸发的水分。

（5）分装培养基。该步骤需趁热，在培养基凝固前完成。已灭菌的无菌试管（带棉塞）10 支，每支分装 5 mL，用以斜面制作；带铝盖的试管 20 支，每支装 10 mL，用以平板制作。

（6）包扎成捆。以 10 支为一捆，用防水纸包扎好后，贴上准备好的标签，做灭菌准备。

（三）察氏培养基的配制

察氏培养基的成分配方详见表 2－2。若需配制 1 000 mL 察氏培养基，则各成分含量及比例可参见表 2－2。

表 2－2　察氏培养基的成分配方

成分	含量	灭菌条件
蔗糖（或葡萄糖）	30 g	
NaNO$_3$	3 g	
MgSO$_4$	0.5 g	
K$_2$HPO$_4$	1 g	1.21 kg/cm^2
FeSO$_4$	0.01 g	20 min
KCl	0.5 g	
琼脂	20 g	
自来水	1 000 mL	
pH	自然	

（1）称量、溶解。量取约总体积 2/3 的水量至烧杯中，随后称量相应比例的组分（蔗糖、$NaNO_3$、$MgSO_4$、K_2HPO_4、$FeSO_4$、KCl）并将其加入水中进行溶解。说明：每 100 mL 培养基中加入 1 mL 0.1% $FeSO_4$ 溶液。

（2）定容。待所有组分全部溶解后，将其倒入量筒，加水补至所需体积。

（3）加琼脂。加入 6g 琼脂，并加热使之充分融化混合。加热时应辅以玻璃棒搅拌，防止糊底。

（4）分装培养基。待培养基溶解后，趁热将培养基分装。其中，无菌棉塞试管 10 支，每支分装 5 mL；带铝盖的无菌试管 20 支，每支分装 10 mL。

（5）灭菌。用高压灭菌锅进行蒸汽灭菌操作，时间为 20 min。

（四）高氏一号培养基的配制

高氏一号培养基的配方详见表 2 – 3。若需配制 1 000 mL 高氏一号培养基，则各成分含量及比例可参见表 2 – 3。

表 2 – 3　高氏一号培养基的配方

成分	含量	灭菌条件
可溶性淀粉	20.0 g	
K_2HPO_4	0.5 g	
KNO_3	1.0 g	
NaCl	0.5 g	
$MgSO_4 \cdot 7H_2O$	0.5 g	$1.21 \ kg/cm^2$
$FeSO_4 \cdot 7H_2O$	0.01 g	20 min
琼脂	20 g	
自来水	100 mL	
pH	7.2 ~ 7.4	

（1）计算并称量所需材料。按比例分别称量 15 mL 1% K_2HPO_4、30 mL 1% KNO_3、15 mL 1% NaCl、15 mL 1% $MgSO_4 \cdot 7H_2O$ 及 0.3 mL 1% $FeSO_4 \cdot 7H_2O$，在搪瓷杯中加水混合后加热。

（2）预处理淀粉。用另一搪瓷杯称量 6g 可溶性淀粉，加入少量去离子水搅拌，调至糊状，待步骤（1）搪瓷杯内的混合液沸腾后，用去离子水将淀粉糊洗入其中，搅拌至均匀。

（3）调节 pH。按上述配制营养琼脂培养基的方法，将 pH 调至所需范围。

（4）加入琼脂。加入 6 g 琼脂，加热并辅以玻璃棒搅拌，防止糊底，至其充分混合后停止加热。

（5）分装培养基。待培养基溶解后，趁热将培养基分装。其中，无菌棉塞试管 10 支，每支分装 5 mL；带铝盖的无菌试管 20 支，每支分装 10 mL。

后续步骤同其他培养基的配制。

（五）高压灭菌锅的灭菌操作步骤（灭菌前须详读操作注意事项）

（1）加水：直接将水加至锅底，水量刚好没过加热板即可。

（2）装高压灭菌锅：将需要灭菌的器物平稳放入高压灭菌锅内，防止松散塌落。器物间需留有间隙，不可装得过满，以利于高压灭菌锅内蒸汽穿透，达到更彻底的灭菌效果。放好后，对角匀力螺旋，关严锅盖。关闭安全阀，打开排气阀。

（3）点火：打开电源开关。

（4）关闭排气阀：高压灭菌锅内的水沸腾后，排气阀排出的蒸汽猛烈且带微蓝色。此时，高压灭菌锅内的冷空气已被蒸汽驱净，需关闭排气阀。

（5）升压升温：当排气阀关闭后，高压灭菌锅内形成密闭体系，蒸汽增多，压力计和温度计读数上升。当压力达到 1.05 kg/cm²，温度达到 121 ℃时，灭菌时间开始。（注：除含糖培养基应使用 0.56 kg/cm² 压力外，其他培养基一般使用的压力均为 1.05 kg/cm²）

（6）中断热源：在灭菌时间达到后，加热停止，高压灭菌锅内体系自然降温降压；当指针转回至 0 时，可打开排气阀。需要注意的是，过早打开排气阀，会导致高压灭菌锅内的压力突然下降，培养基可能因此而发生翻腾现象冲上棉塞，从而导致棉塞被玷污、培养基损失。

（7）缓慢旋转打开锅盖，取出灭菌器物。

（8）待培养基冷却后，将其置于 37 ℃恒温箱中培养 24 h。若此过程中无杂菌生长，则放入冰箱或放在阴凉处保存，备用。

五、注意事项

（1）配制培养基所需的材料多而杂，为避免混乱及错漏，建议在称取材

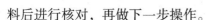

料后进行核对，再做下一步操作。

（2）在培养基配制过程中，各组分按配方所列次序添加，以免混乱错漏。所用容器大小建议为培养配制量的 2 倍，以便操作。

（3）在溶解琼脂时需控制好火力，并不时搅拌，以免琼脂烧焦糊底及外溢。

（4）分装培养基的容器需干净整洁。分装时动作稳而迅速，防止培养基损耗或凝固。在分装量难以控制时，可借用同规格容器的等体积自来水作参照。

注意，勿让培养基沾到试管口，避免污染其他杂菌。

（5）灭菌时，若不熟悉高压灭菌锅的使用规范，则切勿自行盲目操作，应立即与实验指导教师或实验室管理员联系，避免发生危险。

六、思考题

（1）培养基的配制原理是什么？培养基中不同成分各起什么作用？

（2）用高压灭菌锅进行的湿热灭菌较干热灭菌有哪些优越性？

实验三　空气微生物检测

空气中的微生物数量及种类常因污染源及其污染程度的不同而有所差异。空气污染物常以气溶胶的形式存在，微生物气溶胶会污染水源及食品，从而影响人类健康。经空气传播的病原菌主要有白喉杆菌、结核杆菌、金黄色葡萄球菌、炭疽杆菌、溶血性链球菌、脑膜炎球菌、麻疹病毒及感冒病菌等。因此，检测空气中的微生物的污染情况，应得到充分重视。空气微生物检测一般以细菌和真菌为主要检测目标。其检测方法多种多样，沉降法便是其中较为常见的一种。沉降法能在一定程度上检测出空气中的活菌总数，客观反映空气污染程度和一定范围内的卫生通风状况，故其常用在空气消毒除菌效果的评价上。

一、实验目的

（1）学习并了解空气中微生物数量的检测方法。

（2）初步了解所处环境中的空气中的微生物的分布状况，学习并掌握空气微生物检测的方法。

二、基本原理

沉降法是通过重力使空气中含有微生物的微小液滴或尘粒自然沉降到培养基表面，经过培养后，通过肉眼检查得出该环境下微生物数量及种类的一种检测方法。据推算，若每 100 cm² 培养基在空气中暴露时长为 5 min，则其

表面接受到的自然沉降的微生物数量相当于 10 L 空气中所含有的微生物数量。

三、实验器材

1. 药品和试剂

培养基分别为营养琼脂培养基（细菌）、察氏培养基（真菌）和高氏一号培养基（放线菌）。

2. 玻璃器皿

经过灭菌处理的三角烧瓶（带玻璃塞）、培养皿和试管等。

四、实验步骤

（1）每 3 种培养基（营养琼脂培养基、察氏培养基和高氏一号培养基）组合为一组，置于 3 个不同的检测点，打开平板盖，使其在空气中充分暴露 5～10 min。同时，分别制作 3 种培养基，并将其作为空白对照样。

（2）到规定时间后，将各培养基盖盖好后收集回来，置于 37 ℃培养箱中培养 24～48 h。根据各培养基上生长的菌落数，计算出 1 m³ 或 1 L 空气中的细菌个数。在菌落数计数时，若两个或几个菌落边缘存在重叠情况，则分别计为两个或几个。

（3）计算。奥梅梁斯基认为，在面积为 100 cm³ 的营养琼脂培养基表面，5 min 内空气中降落的细菌数，在经过 37 ℃培养 24 h 后所生长的菌落数和 10 L 空气中所含的细菌个数相当，从而可得细菌菌落数的计算公式为

$$X = \frac{N \times 100 \times 100}{\Pi r^2} \qquad (3-1)$$

式中，X 指每 1 m³ 空气中的细菌个数；N 指 5 min 内空气中降落到平板上并经 37 ℃培养 24 h 后所生长的菌落数；r 指培养皿的半径。该式用以计算空气中微生物的种类及其相对数量。

五、注意事项

（1）平板放置好后，人尽量不要在其附近走动，以免搅动空气，对实验结果产生干扰。

（2）在计数时务必专心，遵循计数原则，尽可能做到计数准确。

六、思考题

（1）平板放置好后，人在附近走动会造成哪些方面的影响？

（2）沉降法存在哪些不足？可以怎样改进？

实验四　水中细菌总数的测定

一、实验目的

（1）学习水样采集的方法步骤，并掌握水中细菌总数的测定方法。

（2）掌握平板菌落计数法的原则。

（3）了解水中细菌种类及数量对水质的影响，认知细菌种类及数量在饮用水监测中的重要性。

二、基本原理

水中细菌总数可说明水体的水质状况和被微生物污染的程度，为防止水体被病原体污染而引起传染病，生活污水必须经过严格的细菌学检验。细菌学检验主要包括两大类：细菌种类监测和细菌数量监测。细菌学检验是水质评估的重要指标之一。

细菌菌落总数是指将 1 mL 水样加入新鲜无菌的营养琼脂培养基中，置于恒温培养箱中，在 37℃ 条件下培养 24 h 后所生长的细菌菌落总数（CFU）。参照我国《生活饮用水卫生标准》（GB5749 - 2006），生活饮用水中的细菌菌落总数不能大于 100 CFU/mL。本实验采用平板菌落计数法测定水中的菌落总数。由于水中细菌种类繁多，对生长条件的要求各不相同，并不能找到同一种适合所有细菌生长的培养基和培养条件，因此，本次实验所得的细菌菌落总数是一种近似值。

三、实验器材

1. 药品和试剂

营养琼脂培养基、无菌水、灭菌的生理盐水。

2. 实验仪器

高压灭菌锅，电热炉。

3. 玻璃器皿（灭菌）

三角瓶（250 mL）、玻璃棒、培养皿（直径为 9 cm）、烧杯、移液枪等。

4. 其他器具

无菌封口膜、棉绳、纱布等。

四、实验步骤

1. 营养琼脂培养基的配制

（1）按照 33 g∶1 L（营养琼脂与水的比例），配制营养琼脂培养基。

（2）灭菌。在 121℃ 高压灭菌锅中灭菌 30 min，待压力降至 0 后，取出培养基，并将其置于室温下，备用。

2. 取样

（1）自来水：先用火焰灼烧自来水的水龙头约 3 min，进行灭菌处理；然后打开水龙头，待水龙头流水 5 min 后，采用无菌的三角瓶接取水样。

（2）池水、河水或湖泊水。在距岸边 5 m 处，用无菌空瓶采集距水面 10～15 cm 的深层水样。将灭菌的玻璃瓶瓶口向下伸入设定水层，迅速翻转玻璃瓶，待水注满玻璃瓶后，在水中盖紧瓶塞，将玻璃瓶取出水面，送样检查。取样后应立即进行检验，如果不能在 2 h 之内进行检验，则应放入冰箱中保

存，保存时间一般不超过 24 h。

3. 水样的稀释

（1）以无菌操作方式将水样用 10 倍系列稀释法稀释。首先用移液枪吸取 1 mL 充分混匀的水样到灭菌试管中，并加入 9 mL 无菌生理盐水，充分混匀后，标记为 1∶10（即 10^{-1} 的稀释液）；以此类推，按相同的操作方法依次配制 10^{-2}、10^{-3}、10^{-4}、10^{-5}、10^{-6} 等系列稀释液，备用。根据水体污染的严重程度，设置稀释度，以培养后平板的菌落数在 30～300 个的稀释度为宜。若 5 个稀释度的菌落数均多到无法计数或培养基中无菌落生长，则需继续稀释或减小稀释倍数。

（2）在寡污带区域的水体中，取 10^{-1}、10^{-2}、10^{-3} 3 个连续稀释度；在 α–中污带和 β–中污带区域水体中，取 10^{-2}、10^{-3}、10^{-4} 3 个连续稀释度；在多污带区域水体中，取 10^{-3}、10^{-4}、10^{-5} 3 个连续稀释度。

4. 水体中细菌分离培养的操作方法

根据所采水样的污染程度，择取 3 个适宜的稀释度，在无菌操作间进行接种后置于恒温培养箱中进行培养，每个稀释度重复 3 次，作为平行实验组并标号。用无菌水代替稀释液进行接种，作为对照实验组。

分离培养水体细菌时，通常采取以下 3 种常规方法：

（1）倾注法。移液枪吸取 1 mL 稀释液至无菌培养皿中，将 9 mL 已溶化并冷却到 45 ℃左右的灭菌培养基倾入其中，轻轻摇匀，使稀释液和培养基充分混匀。待培养基冷凝后倒置，置于恒温培养箱中，并于 37 ℃条件下培养 24 h。

（2）涂布法。将溶化好的无菌营养琼脂培养基倾入培养皿中，待培养基自然冷凝制成平板后，吸取 1 mL 稀释液滴加到培养基表面，用灭菌的涂布棒进行涂布，使稀释液均匀分布在整个固体培养基的表面，待平板将稀释液吸收完毕后，将培养基置于恒温培养箱中，并于 37 ℃条件下培养 24 h。

（3）双层培养法。倾入适量琼脂制作底层平板，待培养基冷却凝固后，滴入 1 mL 稀释液，倾入适量琼脂，在桌面上转动平板使其混合均匀。将培养基置于恒温培养箱中，并于 37 ℃条件下培养 24 h。

5. 测定菌落总数

（1）菌落计数原则。在计算相同稀释度的平均菌落数时，若其中某一平板中出现较多大片菌落，则不宜采用，应以无大片菌落出现的平板为准；若平板中大片菌落不及一半，而其余菌落在平板上分布均匀，则可以这部分平板的菌落数乘以 2 得到该平板的菌落总数，再求出该稀释度下的平均菌落数。

首先选择平均菌落数的范围为 30 ~ 300 个。当只有一个稀释度的平均菌落数符合此范围时，该水样的细菌菌落总数才能以该稀释度平均菌落数与其稀释倍数的乘积来计算。

若有两个稀释度的平均菌落数均在 30 ~ 300 个，则按两者菌落总数的比值来择取。若其比值小于 2，则应采取两者的平均数；若大于 2，则取其中较小的菌落总数。

若所有稀释度的平均菌落数均大于 300 个，其菌落计数按稀释度最高的平均菌落数乘以稀释倍数；若所有稀释度的平均菌落数均小于 30，则菌落计数应按稀释度最低的平均菌落数乘以稀释倍数。

若所有稀释度的平均菌落数均不为 30 ~ 300 个，则以最接近 30 个或 300 个的平均菌落数与稀释倍数的乘积来计算。

（2）测定菌落总数从恒温培养箱中取出培养 24 h 后的培养基进行平板菌落计数，肉眼观察菌落数，也可以借助细菌计数器和放大镜进行检查，以防遗漏。

依照上述提及的菌落计数原则，将各稀释度下的菌落总数计数后，填入表 4 - 1 中。计算各稀释度下的菌落平均数，按照稀释倍数，根据下列公式计算细菌菌落总数，即

$$细菌总数（个/mL）= 稀释倍数 \times 平均菌落数$$

表 4 - 1 水中细菌的总数测定

样品	稀释度及细菌菌落数			两稀释度的菌落总数之比	菌落总数/（CFU/mL^{-1}）	菌落总数/（CFU/mL^{-1}）
1						
2						
3						
4						
5						
6						
7						

五、注意事项

（1）实验的整个操作需要在通风橱进行，并注意无菌操作，防止污染。

（2）将水样进行稀释时，移液枪头不可混用，不同水样必须使用不同的移液枪头。

（3）样品稀释需用生理盐水，不可用无菌水，以防细菌吸水裂解死亡。

六、思考题

（1）分析自来水中细菌总数的实验结果，讨论所取自来水是否符合生活饮用水的标准？

（2）所取水源的污染程度如何？根据我国的水质标准，该水源属于哪一类水？

（3）国家对自来水的细菌总数测定有统一标准，那么各地能否自行设计条件（培养温度、培养时间）来测定水样中的细菌总数呢？为什么？

实验五　芽孢杆菌生长曲线的测定

一、实验目的

（1）通过测定芽孢杆菌的生长曲线，了解并认知微生物生长规律。

（2）学会用比浊法间接测定细菌繁殖世代所需时间。

（3）掌握牛肉膏蛋白胨液体培养基的制作方法。

二、基本原理

芽孢杆菌（Bacillus）是一种细菌，在不良环境下能形成芽孢（内生孢子）的杆菌或球菌。该类细菌对外界胁迫因子有很强的抵抗力，广泛分布在空气、土壤、水体以及动植物体内。通过芽孢杆菌生长曲线的测定可以掌握和了解细菌繁殖世代所需时间和生长规律。理论上，芽孢杆菌繁殖世代所需时间为 31 min。

将芽孢杆菌孢子菌悬液按 1% 体积接种到一定体积的灭菌牛肉膏蛋白胨液体培养基，并置于恒温培养箱中于 37 ℃条件下培养 24 h 后，定时取样并测定其细胞数量。以活菌数的对数为纵坐标，培养时间为横坐标，绘制一条如图 5 - 1 所示的生长曲线，该曲线称为芽孢杆菌的生长曲线（Bacterial Growth Curve）。该曲线显示了芽孢杆菌生长繁殖的 4 个时期：迟滞期、对数期、静止期和衰亡期。

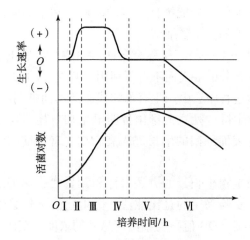

图 5 - 1　芽孢杆菌的生长曲线

迟滞期（Lag Phase）：又叫调整期。当细菌接种至新鲜培养基后，不会立即生长和繁殖，而是对新环境有一个短暂的适应过程，经过一段时间适应后才能在新的培养基中生长和繁殖。在此时期初始阶段，部分细菌会因不适应新环境而死亡；部分细菌则为了适应新环境，体内产生相应的酶促使细胞生长；当完全适应新环境后，细菌的生长和繁殖速率开始增大，细菌总数也开始增加。不同细菌具有不同的迟滞期，外界因素对迟滞期的影响较大。例如，接种量小，迟滞期长；营养丰富，迟滞期短；细菌菌龄处于对数期，迟滞期也短。

对数期（Logarithmic Phase）：又称指数期。该时期的活菌数直线上升，并呈几何级数快速增加，这个时期的细菌由于营养丰富，其细胞代谢活力最强，合成新细胞的速率也最大，细菌群体中化学组分及形态、生理特性都比较一致。一般的教学实验都采用对数期的细胞作实验材料，大型发酵也采用对数期的细胞来提取代谢产物。由于该时期细菌细胞的形态、活力及活性都很典型，对外界环境因素的作用敏感，因此在该时期利用抗生素的效果最佳。

静止期（Stationary Phase）：又称为稳定器。这个时期的细菌生长相对平稳。处于对数期的细菌生长和繁殖迅速，消耗了培养基内的大部分营养物质，导致培养基中的营养成分快速下降。在该时期，细菌在生长发育时积累了大量的代谢产物，而代谢产物的产生对细菌具有毒性，同时，溶解氧的缺乏、pH 和氧化还原电位的变化也会使细菌生长受阻，最终导致细菌的生长速率下降，死亡率逐渐增加。该时期细菌产生的新细菌数和死亡的细菌数基本相当，细菌的总数达到最大值，并能维持一定的时间。在常规的活性污泥污水处理时，一般采用静止期的微生物细胞。

衰亡期（Decline Phase）：又称衰老期。细菌经过静止期后，由于营养物质的耗尽，细菌因营养的缺乏而不得不利用自身储存的物质进行内源性呼吸，此时，细菌在代谢过程中会因产生有毒的代谢产物而抑制细菌的生长和发育，细菌繁殖速率明显下降，死亡的细菌数明显增加，甚至死亡的细菌数数量大于新生活菌数，这表面细菌的生长进入衰亡期。衰亡期的细菌形态多样，部分细菌会产生芽孢。

常见的测定微生物生长量的方法有体积测量法、称干重法、血球计数板法、比浊法等，本实验采用的是比浊法。微生物的生长繁殖会增加培养液的混浊度。由于光密度（OD 值）与细菌菌悬液的浓度成正比，因此，可利用分光光度计测定菌悬液的光密度来计算菌悬液的浓度，以培养时间为横坐标，OD 值为纵坐标作图，可描绘细菌在一定环境条件下的生长曲线。计算芽孢杆菌的世代时间的公式为

$$G = \frac{t_2 - t_1}{(\lg W_2 - \lg W_1)/\lg 2}$$

式中，G 表示世代时间；t_1 和 t_2 表示对数期两点的时间；W_1 和 W_2 分别表示对应时间测得的 OD 值。

三、实验器材

1. 活菌株

芽孢杆菌菌液。

2. 培养基

牛肉膏蛋白胨液体培养基。

3. 实验仪器

恒温振荡摇床、冰箱、721 型分光光度计、恒温培养箱。

4. 其他器具

1 000 μL 移液枪、比色皿、三角瓶、标签纸、无菌封口膜等。

四、实验步骤

1. 牛肉膏蛋白胨液体培养基的制作

（1）准确称量牛肉膏 3 g、NaCl 5 g、蛋白胨 10 g，混合后加入去离子水，待加热煮沸并且完全溶解后定容至 1 000 mL。

（2）将牛肉膏蛋白胨培养基分装至锥形瓶内，每个锥形瓶加入 100 mL，加无菌封口膜包扎后，放入高压灭菌锅进行灭菌。

2. 芽孢杆菌的接种

取 36 个装有牛肉膏蛋白胨培养液的试管，贴上标签（包括培养温度、摇床转速、组号等），其中测定细胞数量于 0 h、0.5 h、1 h、1.5 h、2 h、4 h、6 h、8 h、12 h、16 h、18 h、20 h、24 h 各测定一次，组号分别为 1、2、3、4、5、6、7、8、9、10、11、12、13，每一组设两个平行实验。在无菌操作间中，用移液枪准确吸取 2 mL 芽孢杆菌菌液接种到牛肉膏蛋白胨液体培养基中。轻轻摇荡锥形瓶，使菌体和培养基充分混匀。

3. 芽孢杆菌生长曲线的测定

将接种芽孢杆菌后的培养基置于恒温振荡摇床上，设置温度为 37 ℃，转速为 120 r/min。在设置好的时间内取出相应组号的试管，放入冰箱中储存，待测定，将实验结果记入表 5 - 1。

表 5 - 1　芽孢杆菌生长曲线的测定

管号	生长时间	平行实验	OD 值	平均值
1	0	1		
		2		
		2		
2	0.5	1		
		2		
		3		

续表

管号	生长时间	平行实验	OD 值	平均值
3	1	1		
		2		
		3		
4	1.5	1		
		2		
		3		
5	2	1		
		2		
		3		
6	4	1		
		2		
		3		
7	6	1		
		2		
		3		
8	8	1		
		2		
		3		
9	12	1		
		2		
		3		
10	16	1		
		2		
		3		
11	18	1		
		2		
		3		

续表

管号	生长时间	平行实验	OD 值	平均值
12	20	1		
		2		
		3		
13	24	1		
		2		
		3		

4. 用比浊法测定芽孢杆菌培养液浓度

将不同培养时间、不同细胞浓度的芽孢杆菌培养液，用蒸馏水作空白对照，选用 540~560 nm 波长进行比浊测定。遵循从最低浓度开始依次测定的原则，记录 OD 值。对于浓度较大的芽孢杆菌培养液则可以先用未接种过的牛肉膏蛋白胨液体培养基适当稀释后测定，记录稀释倍数。

5. 利用实验测得的 OD 值计算芽孢杆菌生长代时，并绘制芽孢杆菌的生长曲线

五、注意事项

（1）接种时，注意要在无菌条件下操作。

（2）在恒温振荡摇床上培养芽孢杆菌时，可以在锥形瓶中加入几粒玻璃珠，以防止出现菌体抱团现象，影响计数。

六、思考题

（1）根据实验数据绘制出来的衰亡期下降得不明显，原因是什么？

（2）比较实验测得的芽孢杆菌代时和理论代时，哪个更长？原因是什么？

（3）本实验中用比浊法测定芽孢杆菌的代时，有何优点？

（4）比较用平板计数法测定和用比浊法测定绘出的细菌生长曲线的差异并说明原因。

实验六　土壤微生物的分离及计数

一、实验目的

（1）掌握土壤微生物的分离方法及平板菌落计数法的基本原理。

（2）了解土壤中不同细菌、放线菌和真菌的菌落特点。

二、基本原理

1. 平板菌落计数法

平板菌落计数法是实验室最常使用的活菌计数方法，将待测土样经过系列稀释至适宜的倍数后，土壤样品中的微生物被充分释放并形成单个细胞，然后吸取一定量的稀释液接种到无菌培养基上，待其混合均匀后，置于恒温培养箱中培养一定时间，在平板中可肉眼观察到各个单细胞微生物生长繁殖的菌落，计数培养基表面生成的菌落数便可计算出该土壤样品中的含菌数。一般以直径 9 cm 培养基上出现 30～300 个菌落为宜。采用平板菌落计数法测得的菌落数是培养基上生长出来的菌落数，故也被称为活菌计数法。

2. 4 大类微生物菌落在平板中的形态特征及比较

每一类微生物在培养基上都有固定的菌落特征，微生物的个体菌落形态特征是以群体形态特征为基础的，微生物的群体形态特征则集中反映了个体形态特征。自然界中的大部分微生物菌落都可以根据菌落形态、菌落大小、可溶性色素的产生特征、透明程度、致密程度和边缘形状等来区分。

　　熟悉并掌握4大类微生物（细菌、放线菌、酵母菌和霉菌）的形态特征，对于菌株的分离筛选和识别具有重要理论意义。常见的4大类微生物菌落的基本特征如表6－1所示。

表6－1　细菌、放线菌、酵母菌和霉菌菌落的形态特征及主要区别

项目	细菌	放线菌	真菌	
			酵母菌	霉菌
菌落表面形态特征	圆形或不规则状；边缘光滑或不整齐；大小不一，表面光滑或皱褶；颜色不一，常见灰白色、乳白色；湿润、黏稠	与细菌比较，主要区别为表面干燥，呈细致的粉末状或茸毛状	颇似细菌的菌落，一般为圆形，表面光滑，但不及细菌菌落湿润、黏稠；多显乳白色	与细菌比较，差异显著。与放线菌比较，表面呈绒毛状或棉絮状；如呈粉末状，则不及放线菌致密
菌落在培养基上的生长情况	整个菌落易用接种环从培养基表面刮去	菌落表面的粉末或茸毛（气生菌丝和孢子丝）可用接种环从培养表面刮去，但菌落基部（基质菌丝）不易用接种环刮去，会留下圆形、密实的基部菌丝块	与细菌相似	与放线菌比较，整个霉菌菌落可用接种环从培养基表面刮去，且不会在培养基上留下圆形、密实的基部菌丝块
菌落的生长过程	从菌落形成到成熟，主要变化为增大、增厚、颜色加深	初期出现由密实的基质菌丝构成的菌落，随后菌落表面出现细致、绒毛或粉末状的气生菌丝和孢子丝，并呈现不同颜色	与细菌相似	初期出现白色或无色的绒毛状或棉絮状菌落，随后霉菌形成孢子，呈现粉末状和不同颜色

项目	细菌	放线菌	真菌	
			酵母菌	霉菌
可能出现的气味	臭味	土腥味、冰片味	酒香味	霉味
细胞形态	小而分散	大而分散	细丝状	粗丝状
菌落形态	表面湿润，小而薄	表面湿润，大而厚	表面干燥，小而致密	表面干燥，大而蓬松

三、实验器材

1. 待测样品

新鲜土壤样品。

2. 培养基

营养琼脂培养基、PDA 培养基、高氏 1 号培养基。

3. 实验仪器

高压灭菌锅、恒温培养箱、电热炉等。

4. 其他用品

90 mL 无菌水（装在三角瓶中，并带有 10 粒玻璃珠）、9 mL 无菌水（盛于试管中）、移液枪、涂布棒、培养皿、酒精灯、无菌封口膜等。

四、实验步骤

1. 制作平板培养基

（1）用无菌水将三种培养基按一定比例配制好，置于 121 ℃高压灭菌锅

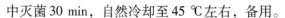

中灭菌 30 min，自然冷却至 45 ℃左右，备用。

（2）将灭菌过的培养基置于无菌操作间内的酒精灯火焰旁，右手持装有灭过菌的培养基的三角瓶，并松绑无菌封口膜，瓶口贴近火焰。

（3）用左手持培养皿，将培养皿在火焰旁打开一条缝，右手迅速倒入约 15 mL 培养基，左手立即盖好培养皿盖，在桌面上轻轻摇匀，使培养基均匀分布在培养皿中。

（4）等待培养基冷却凝固，将平板倒置，备用。

2. 制作土样稀释液

（1）采集新鲜土壤 10 g，过筛后，加到盛有 90 mL 无菌水的三角瓶中（带有 10 粒玻璃珠），在 140 r/min 的转速下振荡 10 ~ 20 min，使细胞分散并与无菌水充分混合，然后放在 25 ℃恒温培养箱中静置 15 min。

（2）以无菌操作方式进行 10 倍系列稀释。用移液枪吸取 1 mL 土壤上清液，并将其加到盛有 9 mL 无菌水的试管中，充分摇匀，即配制成 10^{-1} 土样稀释液。按同样操作程序，依次配制好 10^{-2}、10^{-3}、10^{-4}、10^{-5}、10^{-6} 等不同稀释度的菌悬液，备用。

3. 涂布培养

（1）取样接种：首先用记号笔在平板上进行标记。然后分别用移液枪吸取 0.1 mL 3 个稀释度（10^{-4}、10^{-5}、10^{-6}）的土样稀释液，将其加到对应编号的无菌平板培养基中央，每个稀释度倒 3 个平板（即 3 个重复一样）。

（2）涂布平板：右手持已灭菌的玻璃涂布棒，左手拿着加好土样稀释液的平板，将皿盖在火焰旁打轻轻打开，恰好能使涂布棒进行涂布。进行涂布时，将玻璃涂布棒沿同心圆中心方向缓慢地向四周扩展，使土样稀释液均匀分布在整个平板培养基表面。同一稀释度使用同一玻璃涂布棒；更换稀释度时则要先对玻璃涂布棒进行火焰灭菌，再进行下一次涂布；由低稀释度向高稀释度进行涂布时，可用同一玻璃涂布棒进行涂布。

（3）倒置培养：将涂布好的培养基置于桌面 5 ~ 10 min，使菌液充分渗入培养基内。然后将平板倒置，将营养琼脂培养基、PDA 培养基、高氏 1 号培养基分别置于 37 ℃、25 ℃和 28 ℃恒温培养箱中，并分别培养 24 h、72 h 和 96 h，观察平板培养基表面是否有菌落长出。

4. 测定菌落总数

从系列稀释度中选择一个较为合适的稀释度，计算土壤样品中的菌落数。

适宜稀释度的筛选标准如下：

（1）在培养好的培养皿中进行肉眼观察，细菌、放线菌、酵母菌的菌落数为 30~300 个，霉菌的菌落数为 10~100 个。

（2）对在同一稀释度的土样稀释液，其菌落数相差不能太大。

（3）由低稀释度同高稀释度稀释时，大致以平板中菌落数递减 10 倍为标准，各稀释度之间的递减误差越小，说明分离效果越好。

（4）微生物菌悬液的菌落数的计算公式为

新鲜土壤中微生物含量（个/mL）= 平均菌落数 × 稀释倍数

五、注意事项

（1）预先制作好的平板需要放入 30 ℃恒温培养箱中保存；去除平板上的留存水或皿盖上的冷凝水，以防冷凝水污染平板，影响实验结果。

（2）系列稀释操作为无菌操作，每次配制稀释溶液都要更换吸头。

（3）在进行平板培养基涂布时，要注意按照稀释度从低到高的顺序进行操作。

（4）当培养皿中的菌落成片状出现时，应舍弃该平板中的菌落数。

六、思考题

（1）为什么需要将培养皿倒置培养？

（2）为确保平板菌落计数的准确性，需要注意什么？

（3）若平板上长出的菌落并非均匀分布而是集中生长，可能是什么原因造成的？

实验七　细菌、放线菌、真菌菌落形态的显微观察与计数

一、实验目的

（1）了解和掌握显微镜的使用技术，并重点掌握油镜的使用方法。

（2）学习用显微镜观察细菌、放线菌、真菌菌落的形态，掌握3种菌落的显微观察制片方法，比较3种菌落形态的异同之处。

（3）了解血球计数板的结构，掌握利用显微镜直接计数的原理和方法。

（一）细菌、放线菌、真菌的制片

细菌、放线菌、真菌的显微观察需要将微生物固定制片。显微制片法具体包括切片法、整体封片法、涂片法和压片法4类。由于细菌体积相对真菌较小，细胞壁薄且透明，在活细胞体内含有95%以上的水分，因此，细菌的细胞对外界光线的吸收和反射与水几乎相近。当将细菌菌悬液滴加到水滴上，并在显微镜下进行观察时，尤其当观察环境光线与周围背景环境光线无明显差异时，很难清晰地观察到细菌的形态特征，更辨别不清其细微结构，所以细菌制片还需要革兰氏染色。本实验先采用革兰氏染色法对细菌进行染色，然后制片；放线菌采用压片法制片；真菌采用水浸片法制片。

（二）显微镜直接计数法

显微镜直接计数法就是利用血球计数板在显微镜下直接计数。这种方法的优点是简便、直观、快速。

血球计数板是用特制厚玻璃制成的一块玻璃片。在玻璃片中央刻有 4 条浅槽，最中间的 2 条槽之间的平面比其他 2 个平面的槽略低，中央的小槽将平台分成两部分，每个半边的平面上各刻有一小方格网，而每个方格网又分为 9 个大方格，最中间的一大方格作计数用，称为计数区。正方形大方格的边长约为 1 mm，深度约为 0.1 mm，因而其体积为 0.1 mm^3。计数区的刻度区有两种规格可以进行计数：一种是具有 16 个中方格（大方格用三线隔开）的刻度计数区，而每个中方格由 25 个小方格构成；另一种是具有 25 个中方格（中方格之间用双线分开）的刻度计数区，每个中方格由 16 个小方格组成。任一规格都具有 400 小格，如图 7 - 1 所示。

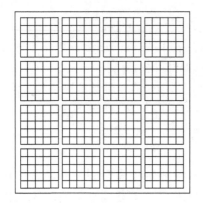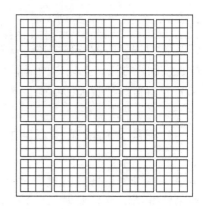

图 7 - 1　两种规格的血球计数板

二、基本原理

血球计数板上有 3 个平台，该平台由 4 条平行槽组成，每边平台上各刻有一个小方格网，即为该计数板的计数室。如果要用该血球计数板计量样品中微生物细胞的数量，就需先测定血球计数板上每个方格中的微生物数量，再将其换成每毫升菌悬液中微生物细胞的数量。

三、实验器材

1. 实验仪器

显微镜、血球计数板、移液枪等。

2. 试剂

香柏油、二甲苯或1:1的乙醚酒精溶液、无菌水。

3. 生物材料

细菌菌种（枯草芽孢杆菌菌种和菌液）、真菌菌种（酵母菌液）、放线菌菌种（细黄链霉菌菌种和菌液）。

4. 实验用具

擦镜纸、接种环等。

四、实验步骤

（一）细菌、放线菌和真菌的制片

1. 细菌

（1）涂片、固定。将载玻片洗净后，用擦镜纸擦干平放在实验台上；用无菌移液枪吸取一滴无菌水于载玻片中央；然后，用灼烧后的接种环在斜面培养基上刮取一定量的枯草芽孢杆菌，缓慢地用接种环将其与水滴充分混合均匀，在载玻片上呈现一层均匀的薄层。

（2）初染。将草酸铵结晶紫染色液滴加到薄层上染色 1 min，并用水冲洗。

（3）媒染。滴加碘液进行媒染，媒染时间为 1 min，并用水冲洗。

（4）脱色。用95%的乙醇对制片脱色 30 s，并用水冲洗。

（5）复染。滴加番红染液，染 2～3 min，然后用水冲洗周围多余的番红染液。盖上盖玻片，自然晾干，在显微镜下进行观察。观察时，应先用低倍镜查找目标，之后用油镜进行观察。

2. 放线菌

在无菌操作条件下，先用接种针将平板上的放线菌菌落切割成小方块，然后挑起一块菌落培养基，将生长的菌落面朝向载玻片，盖上盖玻片，在载玻片不同的部位印压。

在酒精灯上迅速过几下，以固定菌体。

用番红染液对制片进行染色，染色时间为 2 min，水洗后自然晾干，并在显微镜下进行观察。先用低倍镜进行找目标，再用油镜进行观察。

3. 真菌

利用水浸片法制片。用无菌移液枪吸取一滴酵母菌液，滴加在载玻片上，盖上盖玻片，自然晾干，在显微镜下进行观察。先用低倍镜查找目标，之后用油镜进行观察。

（二）微生物的显微观察

严格按照显微镜的操作方法观察细菌、放线菌和真菌的制片，描述显微镜下观察到的细胞图像，并绘出细菌、放线菌、真菌的形态图。

（三）微生物的显微镜计数方法

1. 稀释

在无菌条件下，将浓度较高的菌悬液稀释到适合的浓度，一般一个小格能观察到约 20 个细胞为宜。

2. 加入菌液

将血球计数板洗净擦干，然后在血球计数板的中央盖上盖玻片，用无菌的毛细滴管在盖玻片的边缘滴一小滴菌悬液，让菌液缓慢渗透到计数室中，静置 10 min 后开始计数。

3. 计数

将血球计数板放置在载物台上，先用低倍镜找到计数室，将目标移到视野中央，调节视野亮度，再换取高倍镜观察。为了确保菌落计数的精确度和避免重复计数及漏记，在对菌落进行计数时，应统一规定沉降在格线上的细胞计数方式。如菌落位置处于大方格双线上，则计数时计上线而不计下线，计左线而不计右线，以减少误差产生。即处于本格上线和左线上的菌落数计入本格，而本格的下线和右线上的细胞菌落数按规定计到相应的方格中。

4. 结果计算

记录利用显微镜直接计数法统计的每个小格的微生物数量，然后求得每个中格的平均值，乘以中格数，便可以计算出一个大方格中的总菌落数，最后再换算成 1 mL 菌悬液中的总菌落数。其具体计算公式为

（1）16×25 的计数板。

细胞数（mL）＝（100 小格内的细胞数/100）×400×10 000×稀释倍数

（2）25×16 的计数板。

细胞数（mL）＝（80 小格内的细胞数/80）×400×10 000×稀释倍数

五、注意事项

（1）注意显微镜的使用顺序：先低倍镜，后高倍镜、油镜。
（2）在利用显微镜直接观察法计数时，注意不要重复计数，也不要漏记。
（3）在对细胞取样计数前，应充分混匀微生物菌悬液。

六、思考题

（1）为什么显微镜的使用要遵循先低倍镜，后高倍镜、油镜的使用顺序？
（2）显微镜中的哪些结构可以调节视野亮度？
（3）在使用显微镜进行观察时，若无法观察到清晰的目标物，则可能是什么原因造成的？
（4）血球计数板计数的都是活菌吗？

实验八　微生物纯种的分离、接种及培养

一、实验目的

（1）学习并掌握从环境（土壤、水体、垃圾堆）中分离纯化微生物的方法。

（2）掌握斜面接种、液体接种、穿刺接种等微生物接种方法。

（3）了解无菌操作的要点和基本环节。

二、基本原理

微生物的分离是指将某一特定的微生物个体（细菌、放线菌或真菌）从该群体中分离出来或从混合的微生物群体中分离出来的一种技术；微生物纯化就是在平板培养基中只让一种来自同一祖先的微生物群体生存，而其他微生物不能生长。

分离技术的关键是稀释和定向选择培养。稀释通常是指在水溶液中或在固体表面上使微生物群体被高度稀释，在单位体积或单位面积内只有一个单细胞生长，并给予营养使该细胞生长繁殖为一个新群体；选择培养即选取只适合于所要分离的目标微生物生长繁殖，而在该环境内能阻止其他种类微生物生长繁殖，以改变群体中各类微生物的比例，使目标微生物成为优势菌体，从而达到分离的目的。

分离技术中常用的方法有平板划线法、稀释平板法和涂布法。平板划线

法就是把生长繁殖在同一空间的不同微生物或同一微生物群体中的不同种属细胞，用接种针在无菌培养皿表面通过划线稀释的方式得到能基本单独分布的单个细胞，再在适宜营养条件下将其培养成能生长发育的单菌落。在微生物领域，一般将这些单菌落认作待分离微生物的纯种。具体分离作用的原理是：将微生物样品在无菌平板表面做"由点到线"的多次划线稀释，从而达到分离效果。但对某些特定微生物细胞，其菌落的生长繁殖并不是仅由单个细胞发育的，必须要通过多次分离纯化才能得到想要的纯菌株。稀释平板法就是将混合微生物或同一微生物群体中的不同种属细胞配制成一定量的稀释液和具有一定稀释度的菌悬液，再将其接种到无菌培养基表面，使该稀释液与培养基充分均匀混合，以充分分散样品中的微生物细胞。经过合适的条件培养后，微生物个体则由单个细胞发育形成纯菌落，从而达到分离的目的。涂布法原理和稀释平板法相似，但是涂布法是用三角刮刀将稀释菌液分散在培养基表面的。

微生物接种技术是微生物学相关实验最常规的基本实验操作技术。微生物接种是指在无菌条件下，将一定量的微生物接种到另一适合该微生物生长发育的培养基上的操作技能。其主要的接种方法有斜面接种法、液体接种法和穿刺接种法。斜面接种法主要用于微生物细胞纯菌落接种、菌种的常规鉴定和菌种的普通保藏。其具体的操作是：先用挑针从无菌固体培养基上挑取单个菌落，或者从斜面、肉汤中的纯培养物挑取微生物菌落并接种到新鲜无菌斜面培养基上。液体接种法主要用于真菌发酵培养，内容包括从斜面培养基接种微生物菌落至新鲜无菌固体培养基和从液体培养基接种到另一液体培养基。穿刺接种法一般适用于厌氧微生物的培养，并且大多只适用于细菌和酵母菌的接种培养。其具体的操作是：用接种针挑取少量菌落，直接刺入半固体培养基中央。

三、实验器材

1. 培养基和菌种

培养基：营养琼脂培养基、PDA 培养基、高氏 1 号培养基。

菌种：枯草芽孢杆菌斜面菌种、青霉菌斜面菌种、玫瑰链霉菌斜面菌种。

2. 试剂

无菌水、土样悬液。

3. 仪器以及接种用具

无菌操作间、接种环、接种针、涂布棒、移液枪、无菌滴管、酒精灯等。

四、实验步骤

（一）微生物的分离纯化

1. 平板划线法

划线的方法有许多种，图 8-1 所示的 4 种方法都是可行的。平板划线法并不需要重复画线，只需要每个区之间有交叉即可。

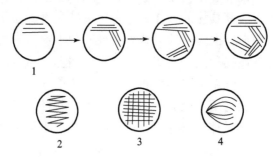

图 8-1　划线的方法

需注意的是，划线接种时不能划破培养基，且整个操作过程需要在无菌操作间的酒精灯火焰旁进行。其具体操作过程如下：

（1）倒平板。将营养琼脂培养基、PDA 培养基和高氏 1 号培养基分别加热融化并自然冷凝至 55 ℃，然后在无菌操作台上倒入灭菌培养皿内，使其凝固成平板，备用。

倒平板的方法：如图 8-2 所示，在无菌操作间的酒精灯火焰旁，右手持装有灭菌培养基的三角瓶，左手持灭菌培养皿，瓶口贴近火焰；之后用左手手掌边缘和小指托住培养皿皿底，拇指和中指将皿盖轻轻打开，将融化好的无菌培养基（12 mL）迅速倒入培养皿；然后盖上皿盖，并轻轻晃动培养皿，使培养基均匀分布在培养皿中；最后将培养皿平放在无菌操作台上，待自然冷却后即成平板。

图 8－2　倒平板操作示意

（2）划线操作。如图 8－3 所示，在接种环灭菌后，用其挑取固体培养基上生长好的微生物纯菌落，左手持培养皿，并用左手手掌边缘和小拇指托住培养皿底部，大拇指和中指将皿盖轻轻打开，右手将带有目的菌落的接种环伸入培养皿内，在无菌新鲜固体培养基上轻轻平行划 5~6 条线；然后转动培

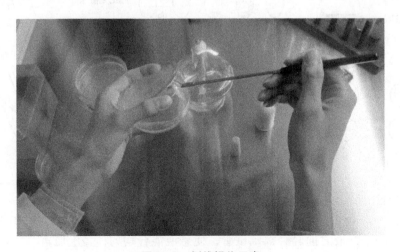

图 8－3　划线操作示意

养皿，从另一角度将接种环上残留物置于酒精灯火焰上灼烧，待接种环冷却至常温后，用上述操作步骤进行第 2 次划线分离。待划线结束之后迅速盖上皿盖，将培养皿倒置于无菌操作台上，并置于恒温培养箱中于合适的温度下培养一定时间后，对生长的菌落进行观察（说明：细菌置于 37 ℃恒温培养箱；真菌置于 25 ℃恒温培养箱；放线菌置于 28 ~ 30 ℃恒温培养箱）。

2. 涂布法

（1）样品稀释。首先准备一个装有 90 mL 无菌水的三角瓶和 5 支装有 9 mL 无菌水的试管，试管的编号分别编制为 10^{-1}、10^{-2}、10^{-3}、10^{-4}、10^{-5}、10^{-6}。操作在无菌操作间进行。用 10 mL 的无菌移液枪吸取 10 mL 土样悬液于 90 mL 无菌水中后，用手振荡三角瓶大概 10 min，使土样悬液混合均匀并使土样颗粒中的微生物完全释放出来，即配成了浓度为 10^{-1} 的稀释液。用该移液枪再吸取 10^{-1} 浓度的稀释液 1 mL，加入另一支 9 mL 无菌水的试管中，即配制浓度为 10^{-2} 的稀释液。同理，依次配制浓度为 10^{-3}、10^{-4}、10^{-5}、10^{-6} 的系列稀释液，如图 8 – 4 所示。

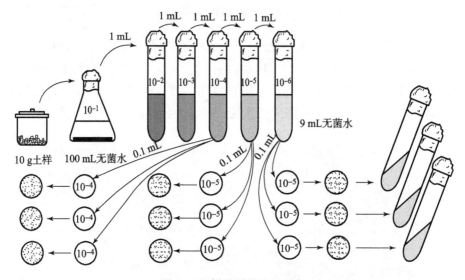

图 8 – 4 样品稀释流程示意

（2）加入土样悬液。按照 10^{-6}、10^{-5}、10^{-4} 配制顺序，从低浓度（稀释度为 10^{-6}）的土样悬液开始，用移液枪分别吸取 1 mL 土样菌悬液至无菌培养皿中，吸取悬液之前轻轻摇动试管，使悬液混合均匀，盖上皿盖，并在培养皿上做好标记。

（3）倒平板。倒平板方式与平板划线方法相同，将培养基倒入含有土样悬液的培养皿，盖上皿盖后，将该培养皿平放在无菌操作台上，轻轻晃动培养皿，使土样悬液与培养基充分均匀混合，待自然冷却后将平板倒置并置于恒温培养箱中培养 24 ~ 96 h，观察结果（说明：细菌放置于 37 ℃恒温培养箱；真菌放置于 25 ℃恒温培养箱；放线菌放置于 28 ~ 30 ℃恒温培养箱）。

3. 涂布平板法

涂布平板法的具体操作流程为：

（1）稀释样品。采用涂布平板法时，稀释样品的方法与稀释平板法步骤相同。

（2）倒平板。将营养琼脂培养基、PDA 培养基、高氏 1 号培养基分别加热融化并冷却到 55 ℃，在无菌操作间中倒入灭菌培养皿内，经冷凝后制成平板，如图 8 - 5 所示。

图 8 - 5　涂布平板法操作示意

（3）涂布。用 1 mL 的无菌移液枪吸取大约 0. 5 mL 的土样悬液于冷凝好的无菌固体培养基上，然后用无菌涂布棒在培养基表面轻轻涂布，并旋转，使之涂布均匀。

注意，不要划破培养基。

（4）培养。涂布完成后的平板不能立即倒置，而要正置放入恒温培养箱中一定时间，待土样悬液充分扩散到培养基后再将其倒置培养。如果菌株培养的时间较长，则可以在次日将其倒置。

（二）微生物的接种

为避免微生物菌株在实验过程中发生交叉污染，微生物的接种需要在严格的无菌环境条件下进行。

1. 斜面接种

斜面接种的操作示意如图 8-6 所示。

（1）倒斜面培养基。将营养琼脂培养基、PDA 培养基、高氏 1 号培养基加热融化并冷却到 55 ℃左右，倒入无菌试管中（约试管高度 1/3），用棉花或者胶塞堵住试管管口。在实验台上放一个培养皿，厚度约为 1 cm。将试管开口端斜靠在桌面培养皿上，管内培养基自然倾斜，待完全冷凝后即制成斜面培养基，保藏于 4 ℃冰箱，备用。

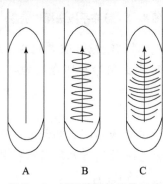

图 8-6　斜面接种的操作示意

（2）接种。在无菌操作间，左手同时持装有纯菌种的斜面培养基无菌试管和待接菌株的新鲜斜面培养基的无菌试管，用中指、无名指、食指分别夹稳两支试管，并使管口基本齐平。右手持接种针，将接种针置于酒精灯火焰上灼烧至红热。此时，用右手小拇指、无名指、手掌夹住试管并拔出棉塞。同时，在酒精灯上快速灼烧试管口，其目的是将试管口中及周围掺杂的少量其他菌或者带菌尘埃烧掉去除。待接种针自然冷却至室温后，缓慢伸入有菌种的斜面培养基表面，轻轻挑取菌落，并将其立即转移到新鲜斜面培养基上，由试管斜面底部开始向上划 Z 形线至顶端。再用酒精灯火焰灼烧试管口，然后塞上棉花或胶塞，即完成接种过程。

注意，接种后的接种针需要置于酒精灯火焰上进行再次灭菌。

2. 液体接种

液体接种有两种方法：

（1）从斜面培养基到液体培养基。前期接种的准备过程与斜面接种相同，将装有液体无菌培养基的试管口向上倾斜，避免培养液溢出。用接种环从无菌斜面培养基挑取菌落后，应立即将其接到液体培养基中，并使接种环和试管内壁轻轻摩擦以洗下接种环上的菌落；之后用酒精灯火焰灼烧试管口，塞上棉花或胶塞，并轻轻振荡试管使菌落在培养液中充分混匀，即完成接种过程。

（2）从液体培养基到液体培养基。充分摇匀菌悬液，并用无菌移液枪吸取菌悬液至另一液体无菌培养基中，用酒精灯火焰灼烧试管口后塞上棉花或胶塞，并轻轻振荡试管使菌落在培养液中充分混匀，即完成接种过程。

3. 穿刺接种

穿刺接种操作示意如图 8 - 7 所示。

（1）制作半固体培养基。按照配方制备半固体培养基，高压灭菌后倒入试管中冷却凝固。

注意，培养基需水平放置、凝固。

（2）接种。用无菌接种针挑取少量菌落，直接刺入半固体无菌培养基中央（刺入试管培养基底但不接触底部），并沿接种针穿刺线迅速拔出，经试管口再次灼烧后塞上棉花或胶塞。接种后的接种针需要在酒精灯火焰上进行再次灭菌。

图 8-7　穿刺接种操作示意

五、注意事项

（1）为避免操作过程被污染，微生物的分离纯化及接种操作步骤，都要严格在无菌环境条件下进行。

（2）用平板划线法、涂布法对微生物进行分离纯化时，不能划破培养基；且接种环或接种针在划线培养基后，需要在酒精灯火焰上再次灼烧灭菌后才能进行下一次划线。

六、思考题

（1）为什么要稀释土样稀释液？

（2）用移液枪吸取土样悬液时，应该从哪个浓度开始？为什么？

（3）如果微生物在接种后的生长培养基被污染了，那么可能是哪些原因造成的？

实验九　超积累植物内生真菌的分离及抗性测定

一、实验目的

（1）认知并了解植物内生真菌在环境中存在的普遍性和特殊性。

（2）了解并掌握微生物分离纯化的操作技术。

（3）掌握真菌分离的操作方法和抗性测定方法。

二、基本原理

重金属超积累植物是指可以超量积累环境中重金属至其体内的一类植物，又被称为超积累植物或超富集体。植物内生真菌是指此类微生物生活史的全部阶段或者其生活史的部分阶段在健康植株内的各种器官和组织内部能够生长繁殖并发育的一类微生物，而植物的宿主细胞又不表现出任何病变或症状。据文献记载，芒草是一种对重金属铅、锌、镉具有很强积累的超积累植物，它能够较多地将土壤中的重金属吸收至植物的上部，有效减轻土壤重金属污染情况，改良土壤环境。研究表明，芒草的上部锌含量测定高达 5 000 mg/kg，富集系数最高可达 1.94。这说明芒草具有优良的超富集锌的特征，是进行锌污染地修复的优良植物。

三、实验器材

1. 实验材料

芒草叶片若干。

2. 实验试剂

5% 次氯酸钠、75% 乙醇、去皮马铃薯（200 g）、琼脂（15 g）、葡萄糖（20 g）、无菌水，1 000 mg/L $ZnSO_4$ 储备液。

3. 实验仪器及其他器材

高压灭菌锅、电热炉、镊子、酒精灯、计时器、培养皿、烧杯、三角瓶、薄刀片等。

四、实验步骤

1. 制作 PDA 培养基

（1）准备 1 000 mL 蒸馏水并煮沸；然后加入切成小块的马铃薯继续煮沸 20 min；待马铃薯松软后，将其过滤，舍弃马铃薯，在滤液中加入琼脂、葡萄糖并继续加热；待其溶化后将滤液补足至 1 000 mL；用三角瓶分装该培养基，每瓶 120 mL，并置于高压灭菌锅中于 121 ℃ 条件下灭菌 30 min；待压力降至 0 后，取出培养基并冷凝至 55 ℃，备用。

（2）在无菌操作间里以无菌操作将已溶化的培养基（12 mL）倾注于无菌培养皿中，待培养基冷却凝固至常温后制成平板。

2. 实验前处理

（1）清洗。将新鲜的芒草叶片用自来水反复冲洗干净，并用吸水纸将芒草叶片表面残留的水分去除干净。

（2）表面灭菌。在无菌操作间内，用 75% 乙醇浸泡洗净的芒草叶片 1 ~

2 min，用5%次氯酸钠溶液浸泡芒草叶片 1～2 min。此时，将次氯酸钠溶液倒入烧杯中（注意勿使叶片倾出），然后立即将无菌水加入烧杯中，并轻轻搅动漂洗。用无菌水反复漂洗数次后，再用无菌吸水纸去除芒草叶片表面的残留水分，保留最后一次漂洗的无菌水，并将其作为实验对照使用。将芒草叶片用无菌刀片裁成0.1 cm×0.1 cm 的小片。

（3）接种培养。

①将彻底消毒后的芒草叶片用灭菌镊子置于无菌 PDA 培养基中，每一培养皿对称放置 3 片叶片，将培养皿倒置于恒温培养箱，于25 ℃条件下培养72～96 h。

②将表面消毒过程中最后一次漂洗芒草叶片的无菌水吸取 1 mL 滴在无菌PDA 培养基中央，用无菌涂布棒轻轻在培养基表面涂布，使溶液均匀布满整个平板，静置数分钟后，将平板放置于恒温培养箱中进行培养，以检测消毒是否彻底。观察菌丝的生长情况及污染情况。

3. 纯化

将培养 72～96 h 的培养基取出，观察菌丝生长形态；采用尖端菌丝挑取法，挑取形态不同、可溶性色素不同及生长状况良好的菌丝，并将其接种到新鲜无菌的 PDA 培养基上进行纯化培养。

4. 抗性测定

（1）配制培养基。用 1 000 mg/L $ZnSO_4$ 储备液经高压蒸汽灭菌后加到新鲜无菌的 PDA 培养基中，配制浓度梯度分别为 10 mg/L、20 mg/L、50 mg/L、100 mg/L、200 mg/L、400 mg/L 的培养基。

（2）接种培养。挑选生长状况良好的纯化菌株，用灭菌打孔器挑选生长较好的菌丝，用镊子小心夹起菌块，有菌丝的一面朝下接种至含铅培养基中央。将菌株置于 25 ℃恒温培养箱中倒置培养 72～96 h，能够抑制菌株生长的最低浓度为该菌株的最低抑制浓度。

五、注意事项

（1）叶片的消毒时间从加入次氯酸钠溶液开始，至倒入无菌水结束。

（2）次氯酸钠溶液需充分浸没材料。材料需要充分灭菌，故避免用小容器进行较多材料的灭菌。

（3）叶片内菌株分离、接种操作都要在无菌条件下进行。

六、思考题

（1）若表面灭菌的时间过长或者过短，则实验会出现什么影响？

（2）写出实验过程中内生真菌可能分离不完全的原因，并提出改进方法。

实验十　芽孢杆菌的制片及革兰氏染色

一、实验目的

（1）掌握油镜的使用方法。

（2）学习并掌握制备细菌涂片的方法。

（3）了解并掌握芽孢杆菌的革兰氏染色法的基本原理及操作方法，认知革兰氏染色实验在环境微生物学实验中的重要性。

（4）对芽孢杆菌进行革兰氏染色。

二、基本原理

芽孢杆菌是杆菌科的一类细菌，在外界环境胁迫下可以产生芽孢（内生孢子），一般形态为球状或状杆。芽孢杆菌对外界不良因子具有很强的抵抗力，芽孢杆菌在自然环境中分布非常广泛，如分布在空气、土壤、水体以及动植物体内。

大多数细菌生长在 pH 大于 6 的偏酸性环境中，而中性或偏碱性环境中的细菌细胞表面带负电荷，容易与带正电荷的污染物相结合，如带正电荷的甲基紫、碱性复红、亚甲蓝、孔雀绿、中性红或番红等，细菌与这些污染物结合的特性使得其在环境工程领域的应用非常广泛。

革兰氏染色法（Gram Staining）是由丹麦病理学家 Christian Gram 于 1884 年发现的，该发现是微生物学鉴别领域非常重要的突破。革兰氏染色法是细菌学中最常用的鉴别染色法之一。根据细菌细胞壁的结构和主要成分的不同可将革兰氏染色分为革兰氏阳性菌（G⁺）和革兰氏阴性菌（G⁻）。

革兰氏阳性菌细胞壁的肽聚糖含量较高，而脂质含量相对较低。在革兰氏染色过程中，进行乙醇脱色处理时，与肽聚糖发生脱水作用而缩小了细胞壁的孔径，使细胞的通透性降低，从而阻止乙醇分子通过细胞壁进入细胞内部进行脱色。因结晶紫与碘的复合物仍然保留在细胞内部，故革兰氏阳性菌细胞壁经染色后呈紫色。

与革兰氏阳性菌细胞壁相比，革兰氏阴性菌细胞壁肽聚糖含量相对较低，而细胞壁脂质含量较高，因此在用乙醇对细胞壁进行脱色时，乙醇会溶解其壁上的脂质，使细胞壁的孔径及其通透性增加，从而使初染和媒染过程所使用结晶紫与碘的复合物经乙醇脱色后被渗透出来，并呈无色状态。因而，革兰氏阴性菌细胞壁经番红复染色后呈红色。

革兰氏阳性菌和革兰氏阴性菌细胞壁化学组成的比较如表 10 - 1 所示。

表 10 - 1　革兰氏阳性菌和革兰氏阴性菌细胞壁化学组成的比较

细菌	细胞壁厚度/nm	肽聚糖/%	磷壁酸	脂多糖	蛋白质/%	脂肪/%
革兰氏阳性菌（G⁺）	20 ~ 80	40 ~ 90	有	无	约 20	1 ~ 4
革兰氏阴性菌（G⁻）	10	5 ~ 10	无	有	约 60	11 – 22

二、实验器材

1. 菌种

枯草芽孢杆菌。

2. 器皿

普通光学显微镜、接种针、酒精灯、载玻片、盖玻片、擦镜纸、吸水纸等。

3. 试剂

草酸铵结晶紫溶液、碘复合液、95% 乙醇溶液、番红溶液。

三、实验步骤

（1）载玻片的处理。取一片洁净的载玻片，并将其置于无菌操作台上；用乙醇溶液擦拭载玻片表面，并用吸水纸擦干；用酒精灯火焰微微加热载玻片，其目的是去除载玻片上面的油脂和掺杂物；待载玻片自然冷凝后，备用。在载玻片的背面标记圆圈以区分正反面。

（2）涂片。取冷凝后的载玻片，在酒精灯火焰旁进行如下操作：左手持培养好的细菌菌悬液试管，右手持接种环，将一滴灭菌水滴加在载玻片中央。

涂片的具体操作步骤：首先用酒精灯火焰对接种环进行灼烧灭菌，用酒精棉擦拭载玻片并冷凝；然后打开菌液试管棉塞，将试管口在酒精灯上灼烧片刻，灭菌；最后用接种环从试管中取出一环芽孢杆菌菌悬液，并使接种环上的菌悬液与载玻片上的无菌水充分混合，涂成直径约 1 cm 的均匀薄层。

（3）干燥。载玻片经涂片后在室温下自然干燥。为了迅速使其干燥，可将载玻片置于酒精灯高处或微小火焰上方慢慢烘烤。

（4）固定。为了使微生物菌体充分固定在载玻片上，将干燥后的涂片标本在酒精灯火焰上方快速通过 3 ~ 4 次，但载玻片的温度不宜超过 60 ℃（以用手背皮肤触及载玻片背面时感觉较热但不烫为宜）；烘烤时间不宜过长，以免菌体急速失水变形。固定的目的是杀死微生物，固定细菌的细胞结构，使菌体蛋白质凝固，保证菌体能牢固地黏附于载玻片上，以免菌体在染色或水洗时被液体冲走。同时，能够增加菌体对染料的亲和力，利于染色的进行。

（5）初染。在固定好的涂片上滴加一滴草酸铵结晶紫溶液，染色 1 min；用蒸馏水缓慢冲草酸铵结晶紫溶液，并用吸水纸吸干。

（6）媒染。将一滴碘复合液滴加到菌体上，染色 1 min；之后，用水进行冲洗。

（7）脱色。用吸水纸吸去载玻片上的残留水，并滴加 95% 乙醇溶液对菌体细胞壁进行脱色，约 30 s 后用水洗去；或将载玻片稍微倾斜，连续滴加95% 乙醇溶液脱色 10 ~ 15 s，直至流出的乙醇无紫色时，立即用水冲洗。

（8）复染。滴加番红溶液至菌体上并计时，染色 1 min，之后用蒸馏水冲洗并用吸水纸将水分吸干。

（9）镜检。盖上盖玻片，按照相关操作步骤观察芽孢杆菌的形态和特性，根据呈现出的颜色判断芽孢杆菌是属于革兰氏阳性菌还是属于革兰氏阴性菌。

五、注意事项

（1）涂片时要注意控制菌量，涂片过厚会造成菌体重叠，不易观察清楚，造成假阴性或假阳性，从而影响观察结果。

（2）菌龄对于观察鉴定有一定影响，应选择对数期的细菌进行观察。对于芽孢杆菌，在进行实验前培养 24 h 即可，因为菌龄过老或者采用衰亡期的芽孢杆菌时，菌体自身死亡或者自溶会使革兰氏阳性菌呈假阴性。

（3）乙醇脱色的时间是革兰氏染色成败的关键。如果脱色的时间过长，脱色过度，那么革兰氏阳性菌可能会因脱色而被染成阴性菌；脱色时间太短或脱色不足，则会导致草酸铵结晶紫溶液和碘复合液未充分外渗，革兰氏阴性菌也可能会被染成阳性菌。

六、思考题

（1）革兰氏染色的原理是什么？要求能写出自然界中常见的革兰氏阳性细菌和革兰氏阴性细菌。

（2）各小组描述所观察到的菌株形态以及革兰氏染色结果。

实验十一　环境因子对微生物生长的影响

一、实验目的

（1）了解并熟悉环境因子（如 pH、温度、渗透压和化学药物）对微生物生长的影响。

（2）掌握自然界中 3 大类微生物培养基的制作方法。

（3）熟练掌握平板划线法、平板涂布法以及细菌接种过程。

（4）学习并掌握适宜微生物生长的环境因子的测定方法。

二、实验原理

外部环境因子对自然界微生物的生长繁殖影响较大。在适宜的环境条件下，微生物能够良好生长并发育繁殖。但当外界环境条件发生改变时，在一定限度范围内，微生物为了适应变化的外部环境，其外部形态、生理生化及发育繁殖等特性都会发生变化；当外界环境条件变化超出微生物最大忍耐程度时，微生物会因对新环境的不适应而发生死亡。在自然界中有许多因子（如物理、化学、生物等）都可以影响微生物的生长繁殖，不同的因子对其影响的机制也不相同，即使相同的环境对不同种属的微生物的影响也不同。因此，研究环境因子对微生物生长繁殖的影响，对了解和探究微生物在自然界中的多样性和分布特性具有重要的理论意义。

1. pH

环境的 pH 对微生物的生长繁殖影响较大，可引起微生物细胞膜电荷发生变化及细胞膜的通透性发生改变，从而进一步影响微生物对外界营养物质的吸收。此外，微生物合成和分解代谢过程中的酶活力也会受到影响，从而改变营养物质的可给性方式和有害物质对微生物产生的毒性。环境的 pH 不仅可以影响微生物的生长繁殖，还可以影响微生物的外部形态特征。pH 过高或过低都可导致核酸和蛋白质等大分子物质变性，甚至使微生物失活。在自然环境中，所有微生物有其适宜的 pH 生长范围，而不同的微生物对环境的 pH 表现出不同的适应能力。环境的 pH 低于 2.0 和高于 10.0 都有微生物生长，但是绝大多数微生物的环境 pH 都介于 5.0 ~ 9.0。

2. 温度

环境的温度是微生物生长的重要因子，温度对微生物的影响是最广泛的。所有微生物的生命活动都需要在适宜的温度范围内才能正常进行，过高的温度会导致蛋白质（酶）及核酸等生物大分子变性失活，而过低的温度会使微生物的生命活动受到抑制。根据微生物在不同温度条件下的生长情况，获得微生物生长速率最快时的温度即为最适温度，不同微生物的最适生长温度也不尽相同。如表 11 - 1 所示，为微生物的生长温度类型。

表 11 - 1 微生物的生长温度类型

微生物类型		生长温度范围/℃		
		最低	最适	最高
低温型	专性嗜冷	- 12	5 ~ 15	15 ~ 20
	兼性嗜冷	- 5 ~ 0	10 ~ 20	25 ~ 30
中温型	室温	10 ~ 20	20 ~ 35	40 ~ 45
	体温	10 ~ 20	35 ~ 40	40 ~ 45
高温型		25 ~ 45	50 ~ 60	70 ~ 90

3. 渗透压

微生物在不同的渗透压环境中呈现不同的反应。在等渗环境中，微生物能够正常生长繁殖；在高渗环境（如高盐溶液）中，微生物体内水分子大量渗透到体外，导致细胞失水萎缩，使细胞发生质壁分离，而微生物的一切生命活动都是在水溶液中进行的，所以失水会严重抑制微生物的生长繁殖；在低渗环境中，溶液中的水分子会大量渗入微生物细胞体内，使微生物细胞吸水膨胀，严重者甚至会使细胞破裂，但自然界中大多数微生物细胞壁含有大量的肽聚糖、磷壁酸和脂多糖，都较为坚韧，一般不会产生破裂。由于在低渗环境中溶质（包括营养物质）含量低，故在一定程度上也会影响微生物的生长。不同类型微生物对不同的渗透压所表现出的适应能力也不相同。绝大多数微生物能在 0.5%～3% 的盐浓度条件范围内正常生长。

4. 化学药物

环境中有很多化学药物可以影响微生物的生长繁殖，如重金属类、无机化合物类、有机化合物类以及氧化剂类等。重金属盐类化合物容易与微生物体内的蛋白质结合使其变性或形成沉淀。所以，重金属盐类化合物对微生物具有较大的毒害作用。重金属汞、银、铜、铅及其化合物杀菌效果好，常用于医药业中；有机化合物类（如醇及其衍生物、酚类、甲醛等）的药物可以使微生物蛋白质变性，从而起到消毒杀菌的作用，所以常用于消毒剂或作为表面活性剂；氧化剂类药物，如臭氧（O_3）、氯和漂白粉等，有一定的灭菌效果，常用于自来水的消毒。

三、实验器材

1. 活菌株

大肠杆菌斜面培养基。

2. 培养基

牛肉膏蛋白胨琼脂培养基、牛肉膏蛋白胨液体培养基。

（1）牛肉膏蛋白胨琼脂培养基：牛肉膏 3 g、氯化钠 5 g、蛋白胨 10 g、琼脂 15 g，定容至 1 000 mL。

（2）牛肉膏蛋白胨液体培养基：牛肉膏 3 g、氯化钠 5 g、蛋白胨 10 g，定容至 1 000 mL。

3. 实验器材

恒温培养箱、电热炉、无菌操作间、高压灭菌锅、恒温摇床、培养皿、移液枪、三角瓶、接种环、接种针、涂布棒、量筒、无菌滤纸、无菌封口膜等。

4. 主要试剂

HCl 溶液和 NaOH 溶液、氯化钠、75% 乙醇、5% $CuSO_4$、无菌生理盐水。

四、实验步骤

（一）环境 pH 对微生物生长的影响

（1）准确称量牛肉膏 3 g、氯化钠 5 g、蛋白胨 10 g，混合后加入纯水，待加热煮沸并且完全溶解后定容至 1 000 mL；然后将培养基分装至三角瓶内，每瓶约加入 120 mL 培养基。

（2）取 5 瓶液体培养基，用 HCl 溶液和 NaOH 溶液分别调 pH 至 2、3、5、7、9、10、11 后，做好标记，用无菌封口膜包扎，并置于高压灭菌锅中进行灭菌（灭菌条件：121 ℃、30 min）。

（3）在无菌条件下，取 37 ℃、培养 24 h 的大肠杆菌斜面 1 支，加入 3 mL 无菌水，用灭菌涮刮取斜面上的菌种，并充分摇匀，制成均匀的菌悬液。

（4）在无菌操作条件下，用移液枪吸取 0.1 mL 大肠杆菌菌悬液分别加至步骤（2）中调好的液体培养基中，静置片刻后，倒置于恒温培养箱中于 37 ℃、150 r/min 条件下进行培养。

（5）对培养 24 ~ 48 h 后的大肠杆菌结果进行观察，用目测比浊法（或用光电比浊法测菌悬液 OD600）来判断大肠杆菌在各个 pH 下的生长情况。以"－"表示不生长；以"＋"表示稍有生长；以"＋＋"表示生长情况较好；以"＋＋＋"表示生长情况很好。

（二）环境温度对微生物生长的影响

（1）准确称量牛肉膏 3 g、氯化钠 5 g、蛋白胨 10 g、琼脂 15 g，混合后加入纯水，待加热煮沸并且完全溶解后定容至 1 000 mL；将培养基分装至三角瓶内，每瓶约加入 120 mL 培养基，用无菌封口膜进行包扎后，置于高压灭菌锅中进行灭菌（灭菌条件：121 ℃、30 min）。

（2）在无菌条件下，待培养基冷却至 55 ℃，完成牛肉膏蛋白胨琼脂平板培养基的制备，备用。

（3）在无菌条件下，用接种环从大肠杆菌斜面培养基上刮取适量菌种，接种至平板培养基，分别接种 4 个平板培养基，并做好标记。

（4）将接种好的平板培养基分别倒置放在 4 ℃、15 ℃、25 ℃、35 ℃、45 ℃、55 ℃的恒温培养箱中，恒温培养。

（5）培养 24 ~ 48 h 后观察结果，并用目测比浊法来判断大肠杆菌在不同环境温度下的生长情况。以" － "表示不生长；以" ＋ "表示稍有生长；以" ＋ ＋ "表示生长情况较好；以" ＋ ＋ ＋ "表示生长情况很好。

（三）环境渗透压对微生物生长的影响

（1）准确称量牛肉膏 3 g、蛋白胨 10 g、琼脂 15 g，混合后加入纯水，待加热煮沸并且完全溶解后定容至 1 000 mL；用量筒准确量取 100 mL 培养基并分装于锥形瓶中。

（2）取 5 瓶分装好的培养基，通过改变所加入氯化钠的量，制备不同氯化钠含量（0.5%、1%、5%、10%、20%）的培养基，摇匀后加无菌封口膜包扎，做好标记，放入高压灭菌锅进行灭菌（灭菌条件：121 ℃，20 min）。

（3）在无菌条件下，待培养基冷却至 55 ~ 60 ℃，完成牛肉膏蛋白胨琼脂平板培养基的制备，做好标记，备用。

（4）在无菌条件下，用接种环从大肠杆菌斜面培养基上刮取适量菌种，接种至 5 个不同氯化钠含量（0.5%、1%、5%、10%、20%）的平板培养基上。

（5）将接种好的平板培养基倒置放在 37 ℃的恒温培养箱中恒温培养。

（6）培养 24 ~ 48 h 后观察结果，并用目测法来判断细菌在不同环境渗透压下的生长情况。以" － "表示不生长；以" ＋ "表示稍有生长；以" ＋ ＋ "表示生长情况较好；以" ＋ ＋ ＋ "表示生长情况很好。

（四）化学药物对微生物生长的影响

（1）准确称量牛肉膏 3 g、氯化钠 5 g、蛋白胨 10 g、琼脂 15 g，混合后加入纯水，待加热煮沸并且完全溶解后定容至 1 000 mL；培养基分装至锥形瓶内，每瓶约加入 100 mL 培养基，用无菌封口膜包扎后，放入高压灭菌锅中进行灭菌（灭菌条件：121℃、20 min）。

（2）在无菌条件下，待培养基冷却至 55～60 ℃，完成牛肉膏蛋白胨琼脂平板培养基的制备，备用。

（3）在无菌条件下，取在 37 ℃条件下培养 20～24 h 的大肠杆菌斜面 1 支，加入 5 mL 无菌水，刮洗下斜面上的菌种，制备成均匀的菌悬液。

（4）在无菌条件下，用移液枪吸取 0.2 mL 菌悬液加入平板培养基中，用无菌涂布棒涂抹均匀。涂布时，使涂布棒沿同心圆方向缓慢向外扩展，使稀释液完全并均匀地分布在整个培养基表面。

（5）用无菌镊子取 3 片已灭菌的小圆滤纸，一张沾无菌生理盐水，一张沾 5% CuSO₄，另一张沾 75% 乙醇，在容器内壁沥去多余液体后，在平板上分区放置，并在培养皿底部做好标记（药剂名、浓度、组号）。圆滤纸法检测化学药物的抑菌作用示意如图 11－1 所示。

（6）将接种好的平板培养基倒置放在 37 ℃的恒温培养箱中恒温培养。

（7）培养 24～48 h 后观察结果，观察平板是否有抑菌圈，测量抑菌圈直径大小，并记录、分析化学药物对微生物生长的影响的程度。

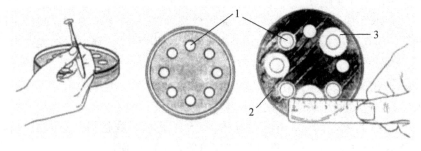

图 11－1　圆滤纸法检测化学药物的抑菌作用示意

1—滤纸片；2—有菌区；3—抑菌圈

五、注意事项

（1）为避免杂菌污染及交叉感染，所有的接种操作必须在无菌条件下进行。

（2）使用高压灭菌锅时应注意安全，高压灭菌锅底部小孔要用蒸馏水注满；必须要等到温度降到 79 ℃、压力指针为 0 后才能打开锅盖。

（3）在吸取细菌培养液前，应将菌悬液充分混匀，以保证平行试管接种量一样。

（4）在涂布平板时，要使细菌均匀分散在培养基表面。

（5）滤纸片的形状要规则，浸液过多则要稍微烘干，以避免化学药物扩散不均匀。

（6）由于实验样品较多，菌名、实验内容等信息要标记清楚、准确，以免错拿。

（7）制备平板培养基的基本操作：将无菌培养皿和培养基放入操作间，同时将镊子、打孔器、接种环、无菌玻璃棒等放入操作间中，打开风机通风 10 min，同时打开紫外灯灭菌 15 min。待培养基自然冷凝至 55 ℃时，在无菌操作台上，右手持装有灭菌培养基的三角瓶于酒精灯火焰旁，左手轻轻拔出三角瓶塞，并使瓶口贴近火焰；右手持灭菌培养皿并在火焰旁打打开，迅速倾注 12 ~ 15 mL 培养基，盖好皿盖，并轻轻摇动培养皿，使培养基在培养皿中呈均匀分布，静置于桌面上，待冷凝后备用。

六、思考题

（1）通常，实验室用冰箱在低温条件下（一般为 4 ℃）保藏菌种的原因是什么？

（2）为什么微生物在低渗溶液中可以生长，而盐沼盐杆菌细胞在低于 1.5 mol/L 氧化钠溶液条件下会发生裂解？

（3）影响抑菌圈大小的因素有哪些？抑菌圈大小是否能准确反映化学药物对细菌的影响程度？

（4）抑菌圈内的微生物是否已被杀死？如果抑菌圈内隔一段时间后又生长了部分微生物菌落，则应如何解释这种现象？

实验十二　富营养水体中藻类叶绿素 a 含量的测定

一、实验目的

（1）掌握叶绿素 a 的测定原理和方法。

（2）理解水体富营养化评价体系及指标。

（3）通过对不同水体中叶绿素 a 含量的测定，初步判定水体富营养化的程度。

二、基本原理

水体富营养化（Eutrophication）是指因人类活动的影响，环境中大量氮、磷等营养物质进入水体，其含量超出生物所需，从而引起藻类及其他浮游类生物旺盛生长，水体溶解的氧含量迅速下降并进一步导致水质发生恶化，水中鱼类和其他生物大量死亡的过程。

叶绿素是植物光合作用中的重要光合色素，可分为叶绿素 a、叶绿素 b、叶绿素 c、叶绿素 d、叶绿素 e 5 大类。其中，叶绿素 a 存在于所有浮游藻类中，其含量约占浮游藻类有机质干重的 1% ~ 2%，是估算藻类生物量的重要指标，能准确反映水体富营养化程度。

分光光度法就是利用叶绿素 a 和叶绿素 b 的最大吸收波长不同，测定特定波段的吸光值。叶绿素提取液中两种色素的含量可以通过朗伯 – 比尔定律计算得出。含叶绿素 a 和叶绿素 b 的 80% 丙酮提取液在红光区 663 nm 和

645 nm 处有最大吸收峰，两吸收曲线相交于 652 nm 处。因此，利用分光光度法测定叶绿素提取液在波长 645 nm、652 nm、663 nm 处的吸光值，即可根据经验公式进行计算，得出各种叶绿素的含量。

根据朗伯 – 比尔定律，有

$$A = acL$$

叶绿素溶液的吸光度 A 与叶绿素溶液的浓度 c 和液层厚度成正比。经过测试已知：叶绿素 a 在波长 663 nm 和 645 nm 处的吸光度系数分别为 82.04 和 16.75；而叶绿素 b 在波长 663 nm 和 645 nm 处的吸光度系数分别为 9.27 和 45.60。根据加和性原则，可列出以下关系式，即

$$A_{663} = 82.04 c_a + 9.27 c_b \tag{12-1}$$

$$A_{645} = 16.75 c_a + 45.60 c_b \tag{12-2}$$

式中，A_{663} 和 A_{645} 分别表示叶绿素溶液在波长 663 nm 和 645 nm 处的吸光度；c_a、c_b 分别表示叶绿素 a 和叶绿素 b 的浓度，单位为 mg/L。

解方程（12-1）和方程（12-2），得

$$c_a = 12.72 A_{663} - 2.59 A_{645} \tag{12-3}$$

$$c_b = 22.88 A_{645} - 4.67 A_{663} \tag{12-4}$$

将 c_a 与 c_b 相加，即得叶绿素总量 c_T，即

$$c_T = c_a + c_b = 20.29 A_{645} + 8.05 A_{663} \tag{12-5}$$

另外，由于叶绿素 a、叶绿素 b 在波长 652 nm 处出现吸收峰相交的情况，而且两者具有相同的吸光系数（均为 34.5），因此，也可以在该波长处测定一次吸光度（A_{652}）来计算叶绿素 a 和叶绿素 b 的总含量，即

$$c_T = \frac{A_{652} \times 1\,000}{34.5} \tag{12-6}$$

在有叶绿素存在的条件下，用分光光度法可同时测定出溶液中类胡萝卜素的含量。

Lichtenthaler 等对上述方法进行了修正，提出了在 80% 丙酮溶液中提取色素（叶绿素 a、叶绿素 b、叶绿素 c）的方法，其可用下列公式计算叶绿素提取液中 3 种色素的含量，即

$$c_a = 12.21 A_{663} - 2.81 A_{645} \tag{12-7}$$

$$c_b = 20.13 A_{645} - 5.03 A_{663} \tag{12-8}$$

$$c_{x.c} = \frac{1\,000 A_{470} - 3.27 c_a - 104 c_b}{229} \tag{12-9}$$

式中，c_a 和 c_b 分别为叶绿素 a 和叶绿素 b 的浓度；$c_{x.c}$ 为类胡萝卜素的总浓

度；A_{663}、A_{645}和A_{470}分别为叶绿素提取液在波长663 nm、645 nm和470 nm处的吸光度。

由于在不同溶剂体系中，叶绿体色素的吸收光谱存在差异，因此，在使用其他溶剂提取叶绿素时，计算公式会有所不同。叶绿素a、叶绿素b在95%乙醇中的最大吸收峰的波长分别为665 nm和649 nm，而类胡萝卜素在95%乙醇中的最大吸收峰的波长为470 nm，从而可以通过下列公式计算出各种叶绿素的含量，即

$$c_a = 13.95A_{665} - 6.88A_{649} \tag{12-10}$$

$$c_b = 24.96A_{649} - 7.32A_{665} \tag{12-11}$$

$$c_{x.c} = \frac{1\,000A_{470} - 2.05c_a - 114.8c_b}{245} \tag{12-12}$$

三、实验器材

1. 实验材料

富营养水体A和富营养水体B中的藻类。

2. 实验仪器

UV-1700分光光度计、吸水纸、天平、剪刀、研钵、移液管、漏斗、滤纸、量筒、培养皿、过滤装置等。

3. 实验试剂

80%丙酮溶液、$CaCO_3$固体、石英砂等。

四、实验步骤

1. 清洗玻璃仪器

用洗涤剂将实验过程中的玻璃仪器清洗干净，避免因酸性条件而引起叶绿素a的分解，从而影响实验结果。

2. 提取叶绿素

将收集到的藻类用蒸馏水洗净，并用吸水纸吸干藻类表面的水分；称取 0.5 g 藻体，剪碎后置于研钵中，加入 5 mL 80% 丙酮溶液、少许 $CaCO_3$ 固体和石英砂，研磨成浆（研磨时要仔细，注意不能有溶液溅出）；用漏斗将滤液移到 10 mL 量筒中，加入 5 mL 80% 丙酮溶液于研钵中进行清洗，并将清洗液转移至量筒内，用 80% 丙酮溶液定容至 10 mL；将量筒内的提取液充分混匀，然后用移液管吸取 5 mL 滤液加入 25 mL 量筒中，并用 80% 丙酮溶液定容至 25 mL。最终的藻类材料与提取液体积之比为 1:100（根据叶色的深浅可以适当调整比例）。

3. 分光光度计测量

将 80% 丙酮溶液作为参照，将叶绿素提取液倒入比色杯中，利用分光光度计测量叶绿素提取液分别在波长 645 nm、652 nm、663 nm 处的吸光度，记录实验数据。

4. 计算

将测得的数据代入式（12 - 7）、式（12 - 8）和式（12 - 9），分别求得叶绿素 a、叶绿素 b 和类胡萝卜素的浓度（单位为 mg/L）；叶绿素总浓度则可由叶绿素 a 的浓度和叶绿素 b 的浓度相加获得。通过以下公式求得叶绿体色素的总含量，即

$$\text{叶绿体色素的总含量} = \frac{\text{色素的浓度} \times \text{提取液体积} \times \text{稀释倍数}}{\text{样品鲜重（或干重）}}（mg/g）$$

根据实验数据完成实验数据记录表，如表 12 - 1 所示。

表 12 - 1　实验数据记录表

水样	吸光度			色素浓度/(mg·L^{-1})			叶绿体色素的总含量/(mg·g^{-1})
	A_{663}	A_{652}	A_{645}	叶绿素 a	叶绿素 b	类胡萝卜素	
富营养水体 A							
富营养水体 B							

五、注意事项

（1）叶绿素会在酸性和光条件下分解，故操作时应提前清洗要使用的器具，避免酸污染。同时，应在弱光下进行实验，且研磨的时间要尽量短些。

（2）丙酮对人体健康有一定危害，故丙酮废液应用废液缸回收，由实验室的相关人员负责处理。

六、思考题

（1）通过测定，比较两种水样中的叶绿素 a 的含量，判断两种水样受污染的程度。

（2）叶绿素 a、叶绿素 b 在蓝光区也有吸收峰，能否用这一吸收峰波长进行定量分析？为什么？

（3）如何准确测定富营养水体中叶绿素 a 的含量？操作过程中有哪些需要注意的问题？

（4）测定叶绿素的主要方法有哪些？试比较它们各自的优缺点。

实验十三 淀粉酶和过氧化氢酶活性的测定

一、实验目的

（1）了解淀粉酶和过氧化氢酶的作用特点。

（2）了解并掌握淀粉酶和过氧化氢酶活性定性测定的原理和实验方法。

（3）通过定性测定细菌淀粉酶和过氧化氢酶的活性，加深对酶促反应的认识。

二、实验原理

微生物酶是由活细胞产生的、能在体内或体外起生物催化功能的催化剂，它是一类具有活性中心和特殊构象的生物大分子。微生物酶大部分为蛋白质，也有少部分为RNA。在酶促反应中，酶起着传递电子、质子和化学基团的作用；反应物分子称为底物，底物通过酶的催化转化为另一种分子。几乎所有细胞的生命代谢活动都需要酶的参与，酶能显著地降低活化能，以致用相同的能量能使更多的分子活化，从而提高生物反应效率，而酶本身的结构不发生改变。

微生物根据酶和细胞的相对存在位置分为胞内酶、表面酶、胞外酶。根据酶所催化的底物不同又可分为淀粉酶、蛋白酶、脂肪酶等。

本实验将定性测定两种胞外酶，即淀粉酶和过氧化氢酶。

淀粉酶是一类能催化和水解淀粉分子中糖苷键的酶的总称。其主要由

α–淀粉酶、β–淀粉酶、糖化酶和异淀粉酶等组成。在适宜条件下，淀粉酶可以将遇碘显蓝色的淀粉水解成不显色的糊精，并进一步催化转化为单糖。淀粉被酶催化分解后，用碘检测不到变色现象。因此，可根据淀粉酶作用后淀粉与碘反应时蓝色消失的速度来衡量酶活力的大小。

过氧化氢酶又称触酶，其是以铁卟啉为辅基的一类结合酶。它可诱导过氧化氢（H_2O_2）分解成氧气和水；它可清除体内的过氧化氢，使细胞避免遭过氧化氢的损伤和毒害，是生物防御体系的关键酶之一。在过氧化氢酶存在的情况下，过氧化氢浓度越高，分解速度越快（可用肉眼观测、判断气泡的产生情况）。

三、实验器材

1. 培养基

牛肉膏蛋白胨淀粉琼脂培养基：牛肉膏 5 g、氯化钠 5 g、蛋白胨 10 g、可溶性淀粉 2 g、琼脂 15 g，定容至 1 000 mL。

2. 活菌株

大肠杆菌和枯草芽孢杆菌斜面各 1 支、大肠杆菌及枯草芽孢杆菌培养液各 1 支。

3. 实验器材

试管、试管架、培养皿、接种针、接种环、15 mL 量筒、250 mL 三角瓶、培养皿、电热炉、高压灭菌锅、天平、恒温培养箱等。

4. 主要试剂

0.1% ~0.2% 淀粉溶液、革兰氏碘液、3% 过氧化氢溶液。

四、实验步骤

1. 淀粉酶活性的定性测定

（1）取 4 支干净的试管，按 0、1、2、3 编号，放在试管架上，备用。

（2）用量筒分别将培养好的 5 mL、10 mL、15 mL 的枯草杆菌菌悬液加到标记好的 1 号、2 号、3 号试管内，再向 1 号和 2 号试管中分别加 10 mL 和 5 mL 纯水；在 0 号试管内加 15 mL 纯水作为对照。

（3）分别向 0 号、1 号、2 号、3 号试管加 4 滴 0.2% 的淀粉溶液（淀粉溶液的用量可根据预备实验时样品中淀粉酶的含量做调整），迅速摇匀，并记录反应的起始时间。

（4）分别向上述 4 个试管内加入 1 滴革兰氏碘液（革兰氏碘液的用量根据在预备实验时淀粉酶的含量做调整），迅速摇匀，观察此时各试管的颜色。

（5）密切观察试管内溶液颜色的变化情况，及时记录各管蓝色完全消失的时间（即淀粉酶催化淀粉水解反应完成的时间），并记录分析实验结果。

2. 淀粉酶在固体培养基中的扩散测定

（1）准确称取牛肉膏 5 g、氯化钠 5 g、蛋白胨 10 g、可溶性淀粉 2 g、琼脂 15 g，充分混合后加入蒸馏水，待加热煮沸并且完全溶解后定容至 1 000 mL；将煮好的培养基分装至三角瓶内，每瓶约分装培养基 100 mL，用无菌封口膜包扎后，置于高压灭菌锅中于 121℃ 条件下，灭菌 30 min。

（2）在无菌条件下，待培养基冷却至 55～60 ℃，右手持盛培养基的三角瓶于火焰旁，用左手将瓶塞轻轻地拔出，瓶口对着火焰；然后左手拿无菌培养皿并将皿盖在火焰旁打开一条缝，倒入大约 10 mL 培养基，盖好皿盖，轻轻摇动培养皿，使培养基均匀分布，在桌面上静置该培养基，待其冷凝成牛肉膏蛋白胨淀粉琼脂平板，备用。

（3）在无菌操作间内，用接种环分别挑取大肠杆菌、枯草杆菌菌落各 1 环，分别接种到新鲜无菌平板的培养基上，倒置于恒温培养箱内，并于 37 ℃ 条件下培养 24～48 h。

（4）待培养好后，取出平板，分别在 2 个平板内的菌落周围滴加革兰氏碘液并对结果进行观察。注意观察菌落四周培养基表面颜色的变化。若在菌落周围产生一个无色的透明圈，则说明该细菌产生淀粉酶并扩散到基质中；若菌落周围为蓝色，则说明该细菌不产生淀粉酶。

3. 过氧化氢酶活性的定性测定

（1）将已培养 24～48 h 的大肠杆菌和枯草芽孢杆菌斜面各 1 支置于试管架上。

（2）用滴管吸取配制好的 3% 过氧化氢溶液，分别滴加到 2 株菌种的斜面上，若细菌产生过氧化氢酶，则试管内有气泡（O_2）产生，为接触酶阳性；反之，若不产生过氧化氢酶，则无气泡（O_2）产生，为接触酶阴性。

（3）记录并分析所观察到的实验现象。

五、注意事项

（1）细菌接种要在无菌条件下操作，防止杂菌污染。

（2）在加细菌培养液前，应将菌悬液充分混匀，保证接种量一样。

（3）在使用高压灭菌锅时，应注意锅底部小孔要用蒸馏水注满；必须要等到温度降到 79 ℃，压力指针为 0 后再打开锅盖。

（4）细菌平板培养基在恒温培养箱里需倒置培养。

六、思考题

（1）在淀粉酶活性定性测定中，0 号对照应呈什么颜色？为什么？各菌落呈什么颜色？为什么？

（2）2 株菌株平板滴加过氧化氢溶液后各有什么现象产生？这些现象说明什么问题？

（3）测定过氧化氢酶活性的方法还有哪些？

实验十四　污染土壤环境中功能微生物的分离、筛选及驯化

一、实验目的

（1）学习并掌握采集土样的方法。

（2）反复练习无菌操作技术和接种方法。

（3）掌握污染土壤环境中微生物的分离纯化方法，从中分离得到具有一定环境修复功能的菌株，并通过驯化优化其修复性能。

二、实验原理

土壤中含有丰富的微生物，可以从中分离得到很多有价值的菌株。根据微生物生长条件的不同，按要求提供适合的培养环境，采用常规的微生物分离方法——平板分离法，再用稀释平板法或涂布法对微生物进行划线分离，便可以得到该微生物的纯菌落。将微生物菌悬液接种到含有重金属溶液的培养基中，可以筛选出对重金属具有一定抗性的微生物菌株，进一步增加重金属溶液的浓度，则可以驯化出对重金属耐受能力较强的微生物菌株。

三、实验器材

1. 土样采集

在选定的地点采集自地表起 10 ~ 15 cm 的土样约 500 g，分装到密封牛皮袋中，放入标签后带回，在室温下风干。过筛，去除其中颗粒较大的石砾和动植物残体，收集土样，保藏备用。

2. 培养基

营养琼脂培养基、PDA 培养基、高氏 1 号培养基。

3. 实验仪器

恒温培养箱、无菌移液枪、电热炉、无菌操作间、高压灭菌锅等。

4. 其他用品

装有 90 mL 无菌水的三角瓶、装有 10 mL 无菌水的试管、灭菌培养皿、无菌移液管、涂布棒等。

四、实验步骤

1. 培养基的配制

按照培养基的配方配制好培养基，然后分装至三角瓶中。

2. 灭菌

将用报纸或者牛皮纸包好的培养皿、培养基、锥形瓶、接种环、打孔器等放入高压灭菌锅灭菌（灭菌条件：121 ℃、30 min）。

3. 制备土样稀释液

在无菌操作间，用无菌移液枪吸取 10 mL 新鲜土壤溶液，加至带有玻璃珠的 90 mL 无菌水三角瓶中；在摇床上充分振荡 10 min，使土样与水充分混匀并使细胞完全释放、分散开，即成 10^{-1} 稀释液。再用无菌移液枪吸取微生物细胞菌悬液 1～9 mL 于无菌水试管中，充分混合均匀即成 10^{-2} 稀释液。依此类推，将土壤溶液配制成 10^{-3}、10^{-4}、10^{-5}、10^{-6} 等不同稀释度的菌悬液。

4. 分离

（1）制作平板培养基。将无菌培养皿和培养基放入无菌操作间，同时将镊子、打孔器、接种环棒等放入该操作间中，打开风机通风 10 min，同时紫外灭菌 10 min。待培养基自然冷凝至 55℃ 左右时，在操作间内，右手于火焰旁持盛有培养基的三角瓶，左手轻轻拔出将塞，瓶口贴近火焰；然后通过左手大拇指和中指将皿盖打开，迅速倾入大约 10 mL 培养基，盖好皿盖，并轻轻摇动培养皿，使培养基在培养皿中均匀分布，之后将其置于操作台上进行冷却凝固，备用。

（2）取样接种。在无菌平板上用记号笔做好标记，分别用无菌移液管吸取 0.1 mL 10^{-3}、10^{-4}、10^{-5} 土样稀释液，待冷凝至 55℃ 左右时，加到培养基中央位置，每个稀释度设置 3 组。

（3）涂布平板。用移液枪吸取土样稀释液 0.1 mL，加至无菌平板中。右手持灭菌涂布棒，左手持培养基平板，在酒精灯火焰处轻轻将皿盖打开进行涂布。涂布棒沿同心圆方向轻轻地向外扩展，以使菌悬液能够均匀地分布在整个培养基表面。

（4）倒置培养。将倒好的平板在无菌操作间静置放置 20 min，使菌液充分渗到培养基内。待培养基完全凝固后，将平板倒置，于恒温培养箱中培养 48 h，观察结果。细菌培养的适宜温度为 37 ℃；真菌培养的适宜温度为 25 ℃；放线菌培养适宜的温度为 28 ℃。

5. 筛选

将分离出来的微生物接种到重金属浓度为 10 mg/L 的培养基上，在适宜温度下培养 24～72 h，并观察生长情况。如果有微生物能在含重金属的培养基上生长，则说明此菌株对微生物有较好的耐受能力，成功筛选出菌株；如果没有微生物能在含重金属的培养基上生长，则可以降低初始重金属浓度，再进行培养。

6. 驯化

将筛选出来的菌株依次递增划线并接种到重金属浓度更高的固体培养基

上培养，观察菌落在培养基中的生长状况，判断微生物菌株对重金属离子的最大抗性浓度。

五、注意事项

（1）所有的接种操作必须在无菌条件下进行。

（2）在使用高压灭菌锅之前，应先将锅底部的小孔注满蒸馏水；必须要在温度降到79 ℃、压力指针为0后再打开高压灭菌锅。

（3）在倒置培养时，应在固体培养基凝固前加入土样稀释液；在固体培养基凝固后再将培养皿倒置。

（4）在筛选微生物时，不要将初始重金属浓度定得太高，以防止长不出微生物而导致实验失败。

六、思考题

（1）土样采集地点的选择有什么原则？

（2）为什么要将凝固后的平板倒置？

（3）倒平板时有哪些注意事项？

（4）如果在平板中加入土样稀释液后没有微生物生长，则可能是什么原因？

实验十五　功能微生物菌株对镉的吸附

一、实验目的

（1）了解并掌握微生物对重金属的吸附机理。

（2）掌握用分光光度计测定重金属浓度的方法。

二、基本原理

微生物可以通过物理、化学或生物学等方式将重金属离子吸附在细胞壁的表面。革兰氏阳性菌的细胞壁中含有较多的肽聚糖和磷壁酸，细胞表面带有较多的负电荷，可以吸附一定量的重金属阳离子；革兰氏阴性菌细胞壁中肽聚糖的外层含有较多的脂多糖，也具有很强的负电荷特性，也能吸附环境中的重金属阳离子。大多数真菌的细胞壁成分含有葡聚糖、几丁质、甘露醇、蛋白质和纤维等，这些物质的负电荷性较强，能对阳离子进行吸附。同时，由于细菌的细胞和真菌的菌丝都具有较大的比表面积，因而对重金属有着较高的吸附容量。

本实验利用已筛选纯化并驯化好的功能微生物细菌菌株，对重金属镉的吸附能力进行研究。

三、实验器材

1. 培养基

牛肉膏蛋白胨液体培养基。

2. 实验仪器

恒温振荡摇床、电热炉、高压灭菌锅、721 型分光光度计（镉的测定波长 228 nm）等。

3. 试剂

标准镉试剂（浓度为 1 000 mg/L）、硫酸、盐酸、氢氧化钠。

4. 其他用品

三角瓶锥形瓶、无菌移液枪等。

四、实验步骤

1. 配制牛肉膏蛋白胨液体培养基

（1）准确称量牛肉膏 3 g、氯化钠 5 g、蛋白胨 10 g，混合后加入去离子水，待加热煮沸并且完全溶解后定容至 1 000 mL。

（2）将牛肉膏蛋白胨培养基分装至锥形瓶内，每个锥形瓶加入 100 mL 牛肉膏蛋白胨培养基，加无菌封口膜包扎后，放入高压灭菌锅进行灭菌。

2. 吸附实验方法

在无菌操作间，将灭菌融化好的 100 mL 牛肉膏蛋白胨液体培养基分装至 250 mL 三角瓶中，然后接入细菌菌悬液 1 mL，经充分摇匀后，置于恒温振荡摇床中，于 37℃、150 r/min 振荡培养。一定时间后，用移液枪吸取 2 mL 镉溶液并将其加入锥形瓶中，使培养液浓度均为 20 mg/L，继续摇瓶培养。分别在 1 h、2 h、4 h、8 h、16 h 和 24 h 时间点取样，采集的每个样品设置 3 组，培养液经 8 000 r/min 离心 10 min 后，取上清液由分光光度计测重金属镉的含量。

3. 实验结果记录

按绘制标准曲线的条件，测定样品溶液中的吸光度；根据测得的吸光度，从标准曲线上相应查出重金属镉的含量，可由式（15 – 1）和式（15 – 2）分别计算出吸附量和吸附容量。

$$R\% = \frac{(c_0 - c_e)}{c_0} \times 100\% \qquad (15-1)$$

式中，R 表示吸附率；c_0 表示镉离子初始浓度；c_e 表示镉离子剩余浓度。

$$q_e = \frac{(c_0 - c_e)V}{M} \qquad (15-2)$$

式中，q_e 表示吸附容量；c_0 表示镉离子初始浓度；c_e 表示镉离子剩余浓度；V 表示溶液的体积，单位为 L；M 表示菌株的生物量，单位为 g。

五、注意事项

（1）镉溶液是剧毒试剂，使用时一定要小心！

（2）取样要迅速，以降低取样时间延长对吸附率的影响。

（3）镉的测定波长为 228.8 nm，易受光散射和分子吸收的影响，故可在测量体系中加入适量基体改进剂。

六、思考题

（1）温度、pH、摇床转速、菌悬液用量、接触时间这些环境变量哪个对吸附率的影响最大？

（2）试描述接触时间和吸附率之间的关系，建立动力学模型。

实验十六 水样中 BOD_5 的测定

一、实验目的

（1）初步理解测定 BOD_5 的意义。

（2）了解接种与稀释法测定 BOD_5 的基本原理。

（3）掌握该测定方法。

二、基本原理

生化需氧量是指在规定条件下，微生物分解存在于水中的某些可氧化物质（主要是有机物质）所进行的、在生物化学过程中消耗溶解氧的量。分别测定水样培养前的溶解氧含量和在（20±1）℃培养5天后的溶解氧含量，二者之差即为5天生化过程所消耗的氧量（BOD_5）。

三、实验器材

（1）恒温培养箱。

（2）溶解氧瓶：200～300 mL，带有磨口玻璃塞并具有供水封用的钟形口。

（3）虹吸管：供分取水样用。

四、实验步骤

1. 水样的预处理

将采集的水样转至玻璃瓶中，并用棉塞封口，防止产生气泡；然后置于 4℃的冰箱中进行保藏，在采集后的 12 h 内进行测定。在测定前，用 1 mol/L 的 HCl 溶液或 1 mol/L NaOH 溶液将水样的 pH 调节至 7。

2. 水样的测定

（1）不稀释水样的测定：对于溶解氧浓度相对较高、有机物含量较少的地面水，可不经稀释直接以虹吸法将约 20 ℃的混匀水样转移至两个溶解氧瓶内，转移过程中应注意不使其产生气泡。以同样的操作使两个溶解氧瓶充满水样，加塞水封；立即测定其中一瓶溶解氧含量；将另一瓶放入培养箱中，在（20±1）℃培养 5 天后，测其溶解氧含量。

（2）稀释水样的测定：对于溶解氧浓度较低、有机物含量高的工业废水或者地面水，参考 COD 浓度范围将待测水样进行稀释后，按步骤（1）进行操作。

3. 计算

（1）不稀释水样中 BOD$_5$ 的计算。其计算公式为

$$BOD_5 = c_1 - c_2$$

式中，c_1 表示水样在培养前的溶解氧浓度，单位为 mg/L；c_2 表示水样培养 5 天后的剩余溶解氧浓度，单位为 mg/L。

（2）稀释水样中 BOD$_5$ 的计算。其计算公式为

$$BOD_5 = BOD_{稀释} \times N$$

式中，N 表示水样的稀释倍数。

附：碘量法测定水中溶解氧

一、测定原理

硫酸锰和碱性碘化钾加到水样中后，水样中的溶解氧会将低价锰氧化成高价锰，生成 4 价锰的氢氧化物棕色沉淀；再向水样中加酸，此时氢氧化物沉淀发生溶解，并与碘离子反应而释放出游离碘。

本次实验以淀粉为指示剂，用硫代硫酸钠（$Na_2S_2O_3 \cdot 5H_2O$）标准溶液滴定释放出的碘，据滴定溶液消耗量计算水样中的溶解氧含量。

二、实验试剂

（1）硫酸锰溶液：准确称取 480 g 硫酸锰（$MnSO_4 \cdot 4H_2O$）溶于水，并稀释至 1 000 mL。将此溶液加到酸化过的碘化钾溶液中，遇淀粉不产生蓝色。

（2）碱性碘化钾溶液：准确称取 500 g 氢氧化钠溶解于 300～400 mL 水中；另称取 150 g 碘化钾溶于 200 mL 水中，待氢氧化钠溶液完全自然冷却后，将两溶液合并后经充分混匀，之后用水稀释至 1 000 mL。如有沉淀产生，则室温放置过夜并倾出上层清液，储存于棕色瓶中，用橡皮塞塞紧，避光保存。注：此溶液经酸化后，遇淀粉不变蓝色。

（3）硫酸溶液：4.1%（m/V）。

（4）淀粉溶液：准确称取 1 g 可溶性淀粉，并用少量水将其调成糊状，再用刚煮沸的水稀释至 100 mL。待自然冷却后，加入 0.1 g 水杨酸或 0.4 g 氯化锌防腐。

（5）0.025 00 mol/L 重铬酸钾（$K_2Cr_2O_7$）标准溶液：准确称取一定量的样品于 105～110 ℃恒温烘箱中烘干 2 h，冷却后称取重铬酸钾 1.225 8 g 并溶于水，在容量瓶中定容到 1 000 mL，摇匀。

（6）硫代硫酸钠溶液：称取 6.2 g 硫代硫酸钠溶于煮沸后冷凝的水中，加 0.2 g 碳酸钠，并用水稀释至 1 000 mL，储存于棕色瓶中，使用前可用 0.025 00 mol/L 重铬酸钾标准溶液进行标定。

三、测定步骤

1. 水样溶解氧测定

（1）溶解氧的固定：将吸液管插至溶解氧瓶的液面下，分别加入 1 mL 硫酸锰溶液和 2 mL 碱性碘化钾溶液，盖好瓶塞并颠倒混合数次使其均匀后，将其静置后取样，现场进行固定。

（2）打开瓶塞，立即将吸管插入液面下并加入 2.0 mL 硫酸；然后盖好瓶塞，颠倒混合摇匀后使沉淀物全部溶解，并置于暗处静置 5 min。

（3）吸取 100.00 mL 上述配制好的溶液于 250 mL 三角瓶中，用硫代硫酸钠标准溶液滴定至溶液呈淡黄色，加入 1 mL 淀粉溶液，继续滴定至蓝色刚好退去，记录硫代硫酸钠溶液用量。

2. 硫代硫酸钠浓度标定

（1）在 250 mL 三角瓶中，加入 100 mL 水和 1 g 碘化钾。

（2）准确量取 10 mL 0.025 0 mol/L 重铬酸钾溶液，将 5 mL 硫酸加入溶液中，摇匀，密塞，并于暗处静置 5 min。

（3）用硫代硫酸钠溶液滴定至淡黄色；加 1 mL 淀粉，继续滴定直至蓝色消失。

3. 计算方法

$$溶解氧（O_2，mg/L）= \frac{M \times V \times 8 \times 1\,000}{100}$$

式中，M 表示硫代硫酸钠标准溶液的浓度（mol/L）；V 表示滴定消耗硫代硫酸钠标准溶液体积（mL）。

四、注意事项

（1）实验操作应在室温下进行；实验用的稀释水和采集的水样也应保存于室温环境中。

（2）在测定含有大量硝化细菌的水样时，应加入硝化抑制剂。

五、思考题

（1）为什么硫代硫酸钠在使用前需要标定浓度？

（2）哪些因素可能影响 BOD_5 的测定？

实验十七 紫外线杀菌效果的检测

一、实验目的

（1）掌握紫外线杀菌的方法。
（2）理解紫外线杀菌效率的影响因素。

二、基本原理

紫外辐射对微生物有致死作用，波长范围一般在 200～390 nm。其中，在波长 260 nm 处杀菌作用最强。紫外线能杀菌主要是因为微生物细胞内的核酸蛋白质、嘌呤嘧啶等物质对紫外线具有较强的吸收能力，其辐射会引起微生物细胞 DNA 中的胸腺嘧啶分子转化为胸腺嘧啶二聚体，从而导致细胞内 DNA 不能自我复制，最终使微生物死亡。所以，紫外线损伤也是致死性损伤。真空中的紫外线的穿透能力极弱，故紫外线灯管和套管要采用极高透光率的石英。不同微生物对紫外线的敏感程度不同，消毒时必须使用能杀灭目标微生物所需的照射剂量，其抵抗力由大到小排列次序为：真菌孢子 > 细菌芽孢 > 细菌繁殖体。杀灭细菌繁殖体时照射剂量应达到 10 000 $\mu W \cdot s \cdot cm^{-2}$；杀灭细菌芽孢时应达到 100 000 $\mu W \cdot s \cdot cm^{-2}$。病毒对紫外线的抵抗力介于细菌繁殖体和芽孢之间，真菌孢子的抵抗力比细菌芽孢更强，照射剂量有时需达到 600 000 $\mu W \cdot s \cdot cm^{-2}$。在消毒目标微生物不详时，照射剂量不应低于 10 000 $\mu W \cdot s \cdot cm^{-2}$。紫外线灯的辐射强度应随距灯管距离的增加而降低。

三、实验器材

1. 培养基

营养琼脂培养基、大肠杆菌、枯草芽孢杆菌、金黄色葡萄球菌。

2. 实验仪器

恒温振荡摇床、恒温培养箱、恒温干燥箱、高压灭菌锅、电热炉、紫外线杀菌装置（见图 17－1）。

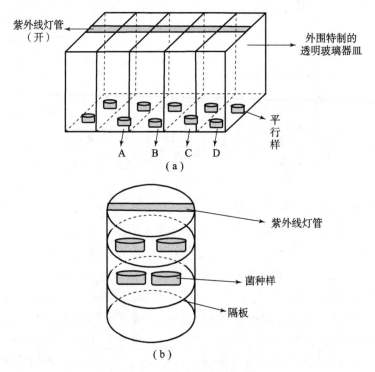

图 17－1　紫外线杀菌装置

（a）菌种种类、杀菌时间和温度对紫外线杀菌的影响装置（装置一）；

（b）距离对紫外线杀菌的影响装置（装置二）

3. 其他用品

烧杯、量筒、试管、三角瓶、玻璃棒、培养皿、天平、移液管、pH 计、

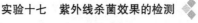

橡胶塞、棉塞、皮筋、玻璃珠、接种环、酒精灯、菌落计数器、放大镜等。

四、实验步骤

（一）实验前的准备

1. 玻璃器皿的准备

实验前将玻璃器皿洗涤干净，根据实验要求准备相应数量的移液管、待培养皿，将其包装好后置于高压蒸汽灭菌锅中进行灭菌（灭菌条件：温度121℃，时间 30 min）。

2. 培养基的制作及灭菌

（1）称量：用天平准确称取一定量的营养琼脂并加水使其完全溶解。

（2）融化：在电热炉上将培养基加热融化。

（3）调节 pH：用 10% NaOH 溶液或者 10% HCl 溶液调节 pH 至 7.0。

（4）分装：待培养基完全融化好后，分装至容标为 10 mL 的试管中，分装体积不超过试管的 1/4。注意，避免试管口沾上培养基。

（5）加塞：用牛皮纸将分装好的试管捆成一捆，然后分别塞上棉塞，并贴上标签，注明培养基名称、班级、日期和各小组组别。

（6）将培养基、无菌水一起置于高压蒸汽灭菌锅内，于 121℃ 条件下、湿热灭菌 30 min。

3. 无菌水的制备及灭菌

准确量取 100 mL 蒸馏水于带有玻璃珠的三角瓶中，塞上棉塞后并用牛皮纸包扎好，置于高压蒸汽灭菌锅内，于 121℃ 条件下，灭菌 30 min。

（二）实验菌种的活化

在无菌操作条件下，用接种环从大肠杆菌的原始菌种中挑取一环菌落接种到斜面培养基上，并置于恒温培养箱中培养 24 h。如菌种在培养基中长势良好，则再次将该菌种的菌落接种到新的斜面培养基上培养 24 h。

金黄色葡萄球菌和枯草芽孢杆菌的菌种活化步骤同以上操作。

（三）菌种的稀释和平板的制作

（1）菌种的稀释：挑取经过 2 次接种培养的大肠杆菌，用接种环刮下一环加至盛有 100 mL 无菌水的、带有玻璃珠的三角瓶中，并将其置于恒温振荡培养箱中充分振荡大约 20 min。待其完全混合后，在无菌操作下，取 1 支 1 mL 灭菌移液管从三角瓶中吸取 1 mL 混合液至另一支盛有 9 mL 无菌水的试管中，混合均匀。依此类推，分别配制成 10^{-1}、10^{-2}、10^{-3}、10^{-4}、10^{-5} 等不同稀释度的菌悬液。

采用稀释平板法，将不同稀释倍数的菌悬液培养一定时间后，进行 CFU 计数，找到平板菌落数在 30~300 之间的稀释倍数菌悬液进行计数。

（2）平板的制作：在无菌操作间，将菌落数在合适范围内并稀释后的菌悬液，用 0.5mL 的无菌移液管移到无菌平板上，再将融化好的培养基自然冷凝后倒入培养皿中，最后放在平稳的操作台面上进行缓慢的顺时针旋转，直至培养基完全凝固。按上述方法制作 32 个样板。

金黄色葡萄球菌和枯草芽孢杆菌无菌平板的制作步骤如上。

（四）不同紫外杀菌装置的杀菌效果检测

1. 装置一

（1）实验前，将装置一的紫外线灯管打开，并对装置进行灭菌，时间为 15 min。

（2）将大肠杆菌无菌平板分成 5 组，置于不同层。其中 1 组带着皿盖并包着一层遮阳伞的布料放入其中。其他 4 组的编号分别为 A、B、C、D，将 4 组样品分别放入装置内。待 1 min 后将 A 组样品盖上皿盖和布料；2 min 后将 B 组样品盖上皿盖和布料；7 min 后将 C 组样品盖上皿盖和布料；20 min 后将 D 组样品盖上皿盖和布料，并关掉紫外线灯管。

（3）参照步骤（2）进行枯草芽孢杆菌和金黄葡萄球菌实验，得到平板。

（4）将装置的温度设为 5 ℃，取 10 个大肠杆菌平板，重复步骤（2），得到平板。

2. 装置二

（1）实验前，将装置二的紫外线灯管打开并进行灭菌，灭菌时间为 30 min。

（2）分别在装置内的紫外线灯管中心距其 0 m、0.4 m、0.8 m、1.6 m、3.2 m 处打开皿盖并放置平行平板，再在其中心线上距其任一位置上放置 1 组带有皿盖并包裹了遮阳伞材料的平行样，要求其温度保持在 37℃，让紫外线照射 10 min。

（3）从装置中取出平板，置于恒温培养箱中培养 24 h，计数平板中的菌落数，并计算出该紫外线的杀菌率。

（4）将平板取出并做上相应的标记后，放入 37℃ 的恒温培养箱中培养 24 h，对平板菌落进行计数。

平板菌落数的杀菌率按以下公式进行计算，即

$$杀菌率 = 100\% \times \frac{未经照射的菌落数/照射后的菌落数}{未经照射的菌落数}$$

实验所用的记录表格详见表 17-1～表 17-3。

表 17-1　菌种种类和杀菌时间对紫外线杀菌的影响（装置一）

时间		未照射		照射 1 min		照射 3 min		照射 10 min		照射 30 min	
大肠杆菌	菌落数										
	杀菌率	—									
金黄葡萄球菌	菌落数										
	杀菌率	—									
枯草芽孢杆菌	菌落数										
	杀菌率	—									
实验条件：25 ℃；湿度 30%；培养皿不盖并照光											

表 17-2　距离对紫外线杀菌的影响（装置二）

距离		未照射		照射 1 min		照射 3 min		照射 10 min		照射 30 min	
大肠杆菌	菌落数										
	杀菌率	—									
实验条件：25 ℃，湿度 30%，培养基盖一半照光一半											

表 17 – 3　距离对紫外线杀菌的影响（装置二）

距离		未照射	照射 1 min	照射 3 min	照射 10 min	照射 30 min
大肠杆菌	菌落数					
	杀菌率	—				
实验条件：25 ℃；湿度 30%；培养基全盖并照光						

五、注意事项

（1）在实验过程中，紫外线杀菌的温度要控制好，不宜太高或太低，否则会影响菌种的实验性能。

（2）在制作无菌平板的过程中，要确保菌落没有受到外界杂菌的交叉污染。

六、思考题

（1）不同的菌种，紫外线的杀菌时间是否相同？对于水处理，这个时间意味着什么？

（2）不同遮盖程度对紫外线的杀菌效果是否有影响？

实验十八 实验室酸牛乳发酵及指标检测

一、实验目的

（1）掌握酸牛乳发酵菌种的分离纯化方法。
（2）了解乳酸菌的生长特征及生化特性。
（3）学习实验室制作酸牛乳的方法。
（4）掌握培养基的配制方法。

二、基本原理

酸牛乳中含有人体所必需的蛋白质、脂肪、维生素、矿物质、乳糖酶和活性乳酸菌等。酸牛乳是利用纯乳酸菌菌种将鲜奶经过发酵而制成的乳制品，具备鲜奶的全部营养成分。在发酵过程中，鲜牛奶中的酪蛋白遇酸凝固，产生具有弹性的凝块，颜色乳白、气味清香、酸甜可口，别具一番风味。

由于乳酸菌可把奶类中的乳糖通过糖酵解除途径分解成乳酸，故将该过程称为乳酸发酵。

乳酸发酵通常所用的菌种为保加利亚乳杆菌（L. Bulgarius）和嗜热链球菌（S. Thermophilus）。用保加利亚乳杆菌和嗜热链球菌酸杆菌混合培养发酵的乳酸饮品不仅能补充人体肠道内的有益菌，维持肠道的微生态平衡，而且有利于人体对外界营养物质的吸收。同时，乳酸具有抑制人体内其他腐生菌的生长、提高消化率、预防癌症及一些传染病等功效，并能为食品提供芳香风味，使食品拥有良好的质地。

保加利亚乳杆菌：长杆形，直径 1 ~ 3 mm，能产生大量的乳酸；具耐酸或嗜酸性；因其 pH 低，故能防止一些微生物的生长；最适生长温度为 37 ~ 45℃，对低温非常敏感。

嗜热链球菌：卵圆形，直径 0.7 ~ 0.9 μm，细胞通常呈对状或链状排列，无运动功能。在健康人体的肠道内，其为正常菌群，可在人体肠道中生长、繁殖。在适宜环境中，其可直接补充人体正常生理细菌，调整肠道菌群平衡，抑制并清除肠道中对人具有潜在危害的其他细菌。

酸牛乳发酵的基本原理是：通过乳酸菌发酵牛奶中的乳糖，产生乳酸，乳酸使牛奶中的酪蛋白（在全乳中的质量分数为 2.9%；在乳蛋白中的质量分数为 85%）变性凝固而使整个奶液呈凝乳状态。

酸牛乳发酵中的主要生物化学变化是：乳酸菌将牛奶中的乳糖发酵成乳酸使其 pH 降至酪蛋白等电点（4.6）附近（4.0 ~ 4.6）从而使牛奶形成凝胶状；乳酸菌还会促使部分酪蛋白降解、形成乳酸钙和产生一些脂肪、乙醛、双乙酰和丁二酮等风味物质。这就是酸牛乳具有良好的保健作用和适合广大乳糖不耐症患者饮用的主要原因。

三、实验器材

1. 菌种

市售酸牛乳。

2. 试剂

结晶紫染液、碘液、95% 乙醇、沙黄。

3. 培养基

（1）MRS 培养基（/L）：蛋白胨 10 g、酵母粉 5 g、牛肉膏 5 g、葡萄糖 20 g、柠檬酸二铵 2 g、吐温 80 1.0 mL、乙酸钠 25 g、K_2HPO_4 2 g、$MgSO_4 \cdot 7 H_2O$ 0.58 g、$MnSO_4 \cdot 4H_2O$ 0.25 g、琼脂 20 g。

（2）基础种子培养基（/L）：葡萄糖 30 g、酵母粉 5 g、蛋白胨 5 g、$MgSO_4 \cdot 7H_2O$ 0.5 g。250 mL 的三角瓶装液量 50 mL。

（3）基础发酵培养基（/L）：葡萄糖 90 g、酵母粉 15 g、蛋白胨 5 g、MgSO$_4$·7H$_2$O 0.5 g、CaCO$_3$ 40 g。

3. 实验仪器

高压蒸汽灭菌锅、恒温摇床、光学显微镜、酒精棉、无菌培养皿、酒精灯、接种环等。

四、实验步骤

1. 乳酸菌的分离

（1）分离纯化：取市售新鲜酸牛乳稀释至 10^{-1}、10^{-2}、10^{-3}、10^{-4}、10^{-5}浓度梯度，取其中的 10^{-4}和 10^{-5}2 个稀释度的稀释液各 0.1~0.2 mL，分别加至无菌脱脂乳琼脂培养基上，用无菌涂布棒在培养基表面依次进行涂布，或者用接种环直接蘸取原液，进行平板划线分离，并置于恒温培养箱中，于 37℃下培养 48 h。如培养基中出现圆形稍扁平的淡黄色菌落及其周围培养基变为黄色者，则可初步判定为乳酸菌。

（2）镜检：用接种针挑取典型乳酸菌菌落至载玻片上，用光学显微镜进行镜检，并进行革兰氏染色。若细胞呈杆状或链球状，且经革兰氏染色后呈阳性，则可将其接种到试管 MRS 斜面培养基上连续传代 10 次，作菌种，备用。

2. 种子培养基的制备及灭菌

按上面的配方进行基础种子培养基配制，调节 pH 至 7.0，并将该培养基置于高压蒸汽灭菌锅中，在 121 ℃条件下，灭菌 20 min。

3. 种子的制备

用接种环挑取上述的菌种 2 环，接种至无菌种子培养基上；然后用三角瓶装 40 mL 置于恒温摇床上，于 37 ℃、150 r/min 条件下，振荡培养 24 h。

4. 发酵培养基的制备及灭菌

按上述配方配制基础发酵培养基，调节 pH 至 7.0，于高压蒸汽灭菌锅中

121℃条件下，灭菌 20 min，备用。

5. 接种及发酵

用无菌移液管准确吸取种子菌悬液，并将其接种到发酵培养基上，接种量为 5%；用三角瓶装 50 mL 置于摇床上，于 45 ℃、150 r/min 条件下，振荡培养 72 h。

6. 冷却与后熟

将达到发酵终点的酸牛乳进行快速冷却，以便有效地抑制乳酸菌的生长，降低酶活力，防止产酸过度，减小和稳定脂肪上浮和乳清析出的速度。

五、发酵的流程设计

标准：菌种的分离纯化→菌种的扩大培养（种子液）→接种到 250 mL 三角瓶（发酵液）→ 45℃培养→OD 值和 pH 的测定（在恒温培养过程中测定，用以判断发酵是否结束）→发酵液的澄清处理→乳酸的提取。

六、发酵的条件控制

乳酸发酵会受一些因素影响，如温度、pH、抑制物、摇床转速、搅拌速度、泡沫的影响、仪器的密闭状况等。下面就温度、pH、泡沫做具体分析。

（1）温度。在发酵的过程中，菌体的代谢活动使发酵培养液的温度不断升高，此时可以通过增加摇床的转动速度来降低发酵液的温度。

（2）pH。在发酵的过程中，转化大量的糖类物质产生大量的乳酸，使 pH 不断下降，当 pH 达到 5 时，发酵逐渐被抑制，此时发酵的速度明显减小。为了提高乳酸的产率，必须减轻发酵产物的抑制作用。一般可通过添加中和剂来调节 pH 的大小。常用的中和剂有 $CaCO_3$ 溶液、NaOH 溶液、氨水、氨气等，不同的中和剂其产物（即乳酸钙、乳酸钠、乳酸铵）不同。

（3）泡沫。乳酸发酵的过程常随着 CO_2 的产生而出现大量气泡，尤其在发酵中期。但是对泡沫的管理不像好氧发酵那样需要很多措施，对于乳酸发酵主要应注意三角瓶的装液量，其填装系数一般定在 80% 左右，发酵液的液面要离三角瓶口 8～10 cm，以防止发酵过程中泡沫溢出。

七、指标分析

1. 指标分析

在发酵过程中，有很多影响实验目的产物的产量的因素，如发酵液状态、发酵液的温度、pH、摇床转速、发酵液 OD 值等，以下选定几个测定指标来具体分析。

（1）发酵液状态：发酵液含有大量的乳酸钙，黏度较大。如果染菌，则培养液中的乳酸有可能被杂菌分解，从而使乳酸钙的含量少，发酵液的黏度降低。

（2）发酵液的温度：发酵结束时，乳酸菌的活动减弱，放出的热量减少，温度不再上升。但如果染菌，发酵液的温度就可能不会下降。

（3）发酵液的 OD 值：发酵结束时，发酵液的 OD 值保持不变。如果在发酵的过程中染菌，则可能会导致发酵结束后残留葡萄糖被继续消耗而使 OD 值发生改变。

2. 杂菌检测

杂菌检测：对发酵液进行镜检时，通过镜检来查看发酵液中是否染菌。在正常发酵过程中，乳酸菌其细胞呈杆状或卵圆形，为革兰氏阴性菌，菌体长 2～9 μm，用次甲基蓝染色可显示胞内颗粒。

八、预期结果分析

（1）对于合格的酸牛乳，其凝块均匀、细腻、无气泡，表面可有少量的乳清析出，呈乳白色或淡黄色，气味清香。

（2）对于变质的酸牛乳，有的不凝块，呈流质状态；有的酸味过浓或有酒精发酵味；有的冒气泡，有一股霉味；有的颜色变深黄或发绿。这可能是由于受到了杂菌污染。

（3）酸牛乳的部分指标未达到要求：

①过酸。可能原因是：发酵后期的温度过高；存储温度过高；接种量过多；菌种的原因。

②辛辣味或霉味。可能原因：染菌；培养时间过长。

③黏稠度偏低。可能原因：蛋白含量低；发酵过程中凝块遭到破坏；菌种的原因。

④乳清析出。可能原因：蛋白含量低；发酵过程中凝块遭到破坏；均质处理不充分；发酵时间过长。

九、注意事项

（1）实验过程必须是无菌操作。

（2）发酵时应注意避免震动，否则会影响其组织状态。

（3）发酵温度应恒定，避免忽高忽低。

（4）掌握发酵时间，防止酸度不够或过度以及乳清析出。

十、问题讨论

（1）培养基中为什么要加 $CaCO_3$？

附：酸牛乳的国家标准（GB2746 – 1999）

1. 感官指标

（1）色泽。色泽均匀一致，呈乳白色或带微黄色。

（2）滋味和气味。具有纯乳酸发酵剂制成的酸牛乳特有的滋味和气味。无酒精发酵味、霉味和其他外来的不良气味。

（3）组织状态。凝块均匀细腻，无气泡，允许有少量乳清析出。

2. 理化指标

脂肪/%	全脂酸牛乳≥3.0；脱脂酸牛乳≤0.5
全乳固体/%	≥11.5
酸度/oT	80.0～120.0
砂糖/%	5.0～8.0

3. 微生物指标

当活菌数在1 000万个/mL以上，且大肠菌群（个/100 mL）≤90时，致病菌不得检出。

实验十九　CTAB 法提取 DNA

一、实验目的

(1) 掌握提取 DNA 的方法。

(2) 理解影响 DNA 抽提效率及纯度的干扰因素。

二、基本原理

CTAB（十六烷基三甲基溴化铵）可溶解细胞膜并能与核酸形成复合物，该复合物在高离子强度（0.7 mol/L）的溶液里是可溶的，通过离心可将复合物同蛋白质、多糖类物质分开。在酚仿变性的条件下，去除残留的 CTAB 和蛋白质等杂质，然后利用异戊醇或无水乙醇将 DNA 分子从上清溶液中沉淀出来，最后用 TE 溶解 DNA，加入 RNA 酶以去除基因组中的 RNA，并置于 −20 ℃环境中，备用。CTAB 可以用于从大量产生黏多糖的有机体中提取核酸，如植物的叶片组织或微生物。

三、实验器材

1. 实验材料

新鲜植物叶片。

2. 试剂与溶液

CTAB 提取缓冲液、Tris - 酚、氯仿 - 异戊醇（24∶1）、异丙醇、70% 乙醇、含 RNase 的 TE 溶液。

3. 实验仪器

研钵、离心管等。

四、实验步骤

（1）剪取 0.5 g 新鲜植物叶片，将其置于研钵中并加入适宜液氮。在研钵中迅速研磨成均匀粉末。

（2）将植物粉末移入 1.5 mL 离心管，加入 800 μL CTAB 分离缓冲液，上下颠倒离心管，使植物粉末充分在缓冲液中混合均匀。

（3）将盛有样品的离心管置于 65℃ 恒温水浴中保温 30 min，每隔 3 ~ 4 min 轻摇混匀一次。取出离心管，在 4℃ 下以 12 000 r/min 离心 8 min，将上清液转移至新的离心管中。

（4）加入等体积的 Tris - 酚和氯仿异戊醇，上下颠倒离心管，混合均匀；在 4℃ 下以 12 000 r/min 离心 8 min，将上清液转移至新的离心管中。

（5）加入 0.6 倍体积的异丙醇，轻轻混匀，并置于 -20℃ 冰箱中，沉淀 30 min。

（6）在低温下以 12 000 r/min 离心 8 min，弃去上清液，加入 500 μL 70% 乙醇洗涤沉淀，常温下以 12 000 r/min 离心 3 min，去上清液，沉淀尽量干燥。

（7）加入适量含 RNase 的 TE（50 μL）溶解沉淀，于 37℃ 水浴条件下保温 30 min，消化 RNA；

取 3 μL 基因组 DNA 样品，进行电泳检测。

五、注意事项

（1）Tris - 酚、氯仿均为有毒试剂，使用时应小心，切勿接触皮肤。

（2）实验材料要新鲜。

（3）进行抽提时，离心时间可长些，取上清液时不要触及蛋白层。

六、思考题

（1）若电泳检测时 DNA 条带不干净，存在蛋白污染，则应该重复哪一个提取步骤以纯化 DNA？

（2）应在哪里进行抽提萃取操作？

实验二十　DNA 和 RNA 浓度检测

一、实验目的

（1）掌握 DNA 和 RNA 浓度的测定方法。

（2）理解蛋白质和有机物对测定 DNA 和 RNA 浓度的干扰。

二、基本原理

DNA 链或 RNA 链上碱基的苯环结构在紫光区具有较强吸收，其吸收峰在 260 nm 处。当波长为 260 nm 时，DNA 或 RNA 的光密度 OD_{260} 不仅与总含量有关，也随构型而有差异。

对标准样品来说，浓度为 1 μg/mL 时，DNA 钠盐的 $OD_{260} = 0.02$；当 $OD_{260} = 1$ 时，dsDNA 浓度约为 50 μg/mL；ssDNA 浓度约为 37 μg/mL；RNA 浓度约为 40 μg/mL；寡核苷酸浓度约为 30 μg/mL。

当 DNA 样品中含有蛋白质、酚或其他小分子污染物时，会影响 DNA 吸光度的准确测定。一般情况下，应同时检测同一样品的 OD_{260}、OD_{280} 和 OD_{230}，计算其比值以衡量样品的纯度。

纯 DNA 的 OD 经验值：$OD_{260}/OD_{280} \approx 1.8$（大于 1.9，表明有 RNA 污染；小于 1.6，表明有蛋白质、酚等污染）

纯 RNA 的 OD 经验值：$1.7 < OD_{260}/OD_{280} < 2.0$（小于 1.7 时表明有蛋白质或酚污染；大于 2.0 时表明可能有异硫氰酸残存）。一般地，OD_{260}/OD_{280} 的

值用于估计核酸的纯度；OD_{260}/OD_{230} 的值用估计去盐的程度。对于 RNA 纯制品，其 $OD_{260}/OD_{280} \approx 2.0$，$OD_{260}/OD_{230} > 2$。若 $OD_{260}/OD_{280} < 2.0$，则可能是蛋白污染所致，此时可以增加酚抽提。若 $OD_{260}/OD_{230} < 2$，则说明去盐不充分，此时可以再次沉淀并用 70% 乙醇洗涤。

三、实验器材

1. 试剂

灭菌双氧水、TE 缓冲液。

2. 实验器材

移液枪、石英比色皿、紫外分光光度计等。

四、实验步骤

（1）将紫外分光光度计开机预热 10 min。

（2）用双氧水洗涤比色皿数次，并用吸水纸将其吸干，加入 TE 缓冲液。之后，放至样品室的 S 架上，关上盖板，并校零。

（3）将标准样品和待测样品适当稀释（将 3 μL DNA 或 4 μL RNA 用 TE 缓冲液稀释至 1 000 μL）后，记录编号和稀释度。

（4）把装有标准样品或待测样品的比色皿放进样品室的 S 架上，关上盖板。

（5）设定紫外光波长，分别测定 230 nm、260 nm、280 nm 波长下样品的 OD 值。

（6）计算待测样品的浓度与纯度。

DNA 样品的浓度（μg/μL）= OD_{260} × 稀释倍数 × 50/1 000

RNA 样品的浓度（μg/μL）= OD_{260} × 稀释倍数 × 40/1 000

五、注意事项

（1）在测定样品的 DNA 或者 RNA 浓度时，如果样品浓度过高（高于标准样品的最大浓度），则要将样品稀释一定倍数后重新进行测定。

（2）DNA 和 RNA 样品不要在强光条件下放置，否则容易发生光解。

六、思考题

（1）DNA 样品和 RNA 样品容易被什么污染？应如何避免？

（2）待测样品浓度读数不稳定，可能是哪些原因造成的？

实验二十一 蛋白质浓度测定
（双缩脲法）

一、实验目的

（1）加强对蛋白质的有关性质的认识。

（2）掌握用双缩脲法测定蛋白质含量的原理和方法。

（3）对学生所学理论知识进行综合测试。

二、基本原理

蛋白质含有两个以上的肽键，因此会发生双缩脲反应。在碱性溶液中，蛋白质与 Cu^{2+} 形成紫红色络合物，其颜色的深浅与蛋白质的浓度成正比，而与蛋白质的分子量以及氨基酸成分无关。因此，可利用此进行比色，测定蛋白质含量。在一定条件下，未知样品的溶液与标准蛋白质溶液同时反应，并于 540~560 nm 下比色，可以通过标准蛋白质的标准曲线求出未知的蛋白质浓度。标准蛋白溶液可以用结晶的牛（或人）血清白蛋白、卵清蛋白或酪蛋白粉末配制。

除—CONH—有此反应外，—CONH$_2$—，—CH$_2$—，NH$_2$—，—CS—CS—NH$_2$ 等基团也有此反应。

三、实验器材

1. 实验材料

（1）6 mol/L 氢氧化钠溶液。准确称取氢氧化钠 240 g，用新鲜蒸馏水配制成 1 000 mL 溶液，置于密封的聚乙烯瓶里，并在室温下储存，备用。

（2）双缩脲试剂。准确称取未失结晶水的硫酸铜（$CuSO_4 \cdot 5H_2O$）3.0 g，溶于 500 mL 新鲜蒸馏水中，分别加入酒石酸钾钠（$NaKC_4H_4O_6 \cdot 4H_2O$）9.0 g、碘化钾（KI）5.0 g，待完全溶解后，加入 6 mol/L 氢氧化钠溶液 100 mL，最后加蒸馏水定容至 1 000 mL。在室温下将其存在密闭的聚乙烯瓶里，稳定约 6 个月。

（3）蛋白标准液。以血清蛋白标准液或定值质控血清溶液为标准，用凯氏定氮法标定后，加叠氮钠防腐（叠氮钠的浓度为 0.5 ~ 1.0 g/L），置于 -20 ℃冰箱中保存。

2. 实验仪器

分光光度计、恒温水浴箱、吸管、试管、坐标纸等。

四、实验步骤

（1）配制 20 g/L 蛋白标准液。如蛋白标准液浓度为 70 g/L，则取此液 2 mL，加入新鲜蒸馏水 5 mL，充分混匀。

（2）按表 21 - 1 进行实验操作。将各试剂充分混匀后，置于 37 ℃水浴中保温 15 min。然后，在波长为 540 nm 下进行比色，以空白管调零，读取各试管中溶液的 OD 值。

表 21 - 1

加入物/mL	空白管	1	2	3	4	5	测定管
20 g/L 蛋白标准液	—	0.1	0.2	0.3	0.4	0.5	—
蒸馏水	0.5	0.4	0.3	0.2	0.1	—	0.4

续表

加入物/mL	空白管	1	2	3	4	5	测定管
待测样品液体	—	—	—	—	—	—	0.1
双缩脲试剂	3.0	3.0	3.0	3.0	3.0	3.0	3.0

（3）绘制标准曲线。在表 21-1 中，1~5 为标准曲线管。以吸光度为纵坐标，蛋白质浓度为横坐标，测定其吸光度，并绘制标准曲线。

（4）实验结果。根据各测定管的吸光度，从标准曲线查找相对应的总蛋白质浓度。

五、注意事项

（1）加酒石酸钾钠于双缩脲试剂中，使溶液中的 Cu^{2+} 形成稳定络合铜离子，避免硫酸铜不稳定而形成 $Cu(OH)_2$ 沉淀。酒石酸钾钠与硫酸铜之比不低于 3:1，加入碘化钾作抗氧化试剂。

（2）为了避免双缩脲试剂吸收空气中的 CO_2，双缩脲试剂应封闭储存。

（3）采用本法提取的蛋白质显色程度大致相同，重复性较好，不受温度影响，但是灵敏度较低。

（4）黄疸血清严重溶血，故对本法有明显干扰。

（5）采用本法绘制的标准曲线是一条通过原点的直线，在 100 g/L 浓度内呈良好的线性关系。

六、思考题

（1）蛋白质标准溶液为什么要冷冻保存？

（2）在双缩脲试剂中，酒石酸钾钠和碘化钾的作用是什么？

实验二十二　EPS 提取与测定

一、实验目的

（1）学习并掌握 EPS 的提取方法。

（2）了解和掌握 EPS 的测定和计算方法。

二、基本原理

细菌胞外聚合物（EPS）是指附着在细菌表面或围绕在细菌周围，水道、孔隙穿通其间，形成蘑菇状膜结构，用于自我保护和相互黏附的天然有机物。EPS 在细菌微生物群体中广泛存在，在细菌的黏附聚集、空间构型、细菌间信息交流、耐药性、抗毒性及细菌与外界物质的吸附、沉降、絮凝和脱水等方面都起着重要作用。例如，在废水的膜生物反应器处理中进行 EPS 测定时，需先对其进行提取，再对 EPS 中不同组分分别进行测定。

苯酚 – 硫酸试剂可与游离的或寡糖、多糖中的己糖、糖醛酸（或甲苯衍生物）起显色反应，己糖在 490 nm 处（戊糖及糖醛酸在 480 nm 处）的吸收值最大。吸收值与糖含量呈线性关系。苯酚法可用于甲基化的糖、戊糖和多聚糖的测定，方法简单，灵敏度高，实验时基本不受蛋白质存在的影响，并且产生的颜色可稳定 160 min 以上。

三、实验方法

1. EPS 的提取

取定量活性污泥混悬液，以 6 000 r/min 离心 8 min，弃去上清液并用蒸馏水补足体积；在 75℃ 水浴中保温提取 30 min；将提取后的污泥混合液以 6 000 r/min 离心 10 min；取上清液，用 0.45 μm 的膜对滤液进行过滤，滤出液即为分离得到的 EPS。

2. EPS 的测定

（1）蛋白质测定：具体操作方法可参见实验二十一。

（2）多糖测定：采用苯酚 – 硫酸法。

四、实验器材

1. 实验器材

分光光度计、玻璃碾磨器、离心机、移液管、量筒、离心管、试管、烧杯等。

2. 试剂

（1）浓硫酸。

（2）90% 苯酚溶液：准确称取 90 g 苯酚并加 10 mL 蒸馏水进行溶解。该溶液可在室温下保存数月。

（3）9% 苯酚溶液：用移液管吸取 3 mL 90% 苯酚溶液，加蒸馏水至 30 mL，现配现用。

（4）1% 葡萄糖标准液：精确称取分析纯葡萄糖 1.000 g，加少量水溶解，将其转移入 100 mL 容量瓶中，加入 0.5 mL 浓硫酸，用蒸馏水定容至刻度。

（5）50 μg/mL 葡萄糖标准液：准确吸取 1% 葡萄糖标准液 0.5 mL，将其转入 100 mL 容量瓶中，并加蒸馏水定容至所需刻度。

五、实验步骤

（1）材料的处理：称取 0.5 g 新鲜材料在研钵中磨碎，加入适量蒸馏水进行充分碾磨，并分次抽提，将得到的混合液离心后即可得到粗抽提液。

（2）标准曲线制作：分别吸取 50 μg/mL 的葡萄糖标准溶液 0 mL、0.1 mL、0.2 mL、0.3 mL、0.4 mL、0.5 mL 于试管中，并用水补足到 0.5 mL；加 0.3 mL 5%酚溶液，混匀后快速加入 1.8 mL 浓硫酸；在恒温摇床上振荡混匀；将其置于室温下静止 30 min 后，试管中可呈现橙黄色。以第一支试管为调零点，在室温下，比色测定 490 nm 处的各试管溶液 OD 值。以糖含量为横坐标，OD 值为纵坐标，进行标准曲线绘制。

（3）样品含量测定：吸取含 2~25 μg 糖量溶液 0.5 mL 于试管中，加入 5%酚溶液 0.3 mL 进行充分混匀，再用移液管将 1.8 mL 浓硫酸沿管壁加入，混合均匀，在室温下测定 490 nm 处的 OD 值，从标准曲线上查找相应糖含量。

六、注意事项

（1）几种己糖测定方法中所使用的显色剂，如蒽酮、间苯二酚等，都需要沸水浴加热，而本法不需要，且蛋白质的存在对本法的显色反应影响不大，故此法也可用于糖蛋白中的己糖测定。除此之外，还可用于己糖甲基化衍生物和 6 - 脱氧核糖、戊糖的测定。

（2）本法的热量来自浓硫酸与水的混合，因此加浓硫酸的速度要快，且应立即混匀。此外，试管应大一些，以免烫手。

附录一 常用玻璃器皿的洗涤、干燥与包扎

一、玻璃器皿的洗涤

1. 新购玻璃器皿的洗涤

新购玻璃器皿表面带有游离的碱性物质，可通过酸性溶液洗涤、清除干净。对于容量较小的玻璃器皿，如试管、小烧杯、锥形瓶等，可将其放入2%盐酸溶液中浸泡数小时，最后用流水将其反复冲洗至干净，并倒置于洗涤架上自然风干，备用。

对于容量较大的玻璃器皿，如大烧杯、圆底烧瓶、量筒等，则可先将其洗净，然后倒入5~10 mL浓盐酸，小心转动玻璃器皿使其内表面均沾有浓盐酸，并持续转动数分钟，最后倾去浓盐酸，用流水冲洗玻璃器皿上的残余盐酸。洗净后将其倒置于洗涤架上自然风干，备用。

注意，使用后的浓盐酸应集中回收处理。

2. 常用旧玻璃器皿的洗涤

（1）对于无病原菌或未被带菌物污染的玻璃器皿、未曾盛放过特殊试剂的一般玻璃器皿（如烧瓶、烧杯等），可以用常规清洗方式进行洗涤，即加入肥皂、洗衣粉等洗涤剂，先使用毛刷刷洗，然后依次使用自来水和蒸馏水淋洗。

（2）对于计量型玻璃器皿（如量筒、移液管等），可以使用肥皂和洗衣粉洗涤，但不能用毛刷刷洗，以免损坏其刻度，影响测量准确度。

（3）对于用于分析某些痕量金属的玻璃器皿，由于分析的金属的量很少，毛刷清洁不方便，可使用1:1~1:9硝酸溶液浸泡，以除去表面吸附的金属离

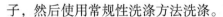

子，然后使用常规性洗涤方法洗涤。

（4）对于带有无机物或少量油污的玻璃器皿，则应先用铬酸洗涤液浸泡玻璃器皿 20～40 min，再进行淋洗。

注意，洗涤完毕之后的洗涤液要回收到指定容器中，不可随意乱倒。铬酸洗涤液需要密闭保存，以防吸水失效；铬酸洗涤液可以重复使用，当洗涤剂颜色变绿时失效。

（5）对于带有油污或者其他有机污垢的玻璃器皿，则可先将玻璃器皿放入较大容器中，倒入碱性 $KMnO_4$ 溶液，浸泡 2 h 后倒出，用盐酸或草酸洗涤剂洗去留下的褐色 MnO_2 痕迹，再用常规性洗涤方法洗涤。

（6）对于带有油污的玻璃器皿，可以采用乙醇、乙醚、丙酮、汽油、石油醚等有机溶剂进行洗涤。洗涤过程中应注意有机溶剂是否易燃或有毒性，注意安全。

3. 带菌玻璃器皿的洗涤

在实验过程中，对于接触过活性菌种的各种玻璃器皿，必须先进行高温灭菌，然后才能进行刷洗。

（1）带菌培养皿、试管及三角瓶等。在实验完成后，先将玻璃器皿放入消毒桶内，在 0.1 MPa 压力下灭菌 20～30 min，再进行常规性洗涤。在进行高压灭菌时，培养皿皿盖和皿底需要分开放置并灭菌。

（2）带菌的吸管、滴管。吸取带菌溶液后的吸管和滴管，不能直接置于实验桌面上，应立即放入含有 5% 石炭酸或 0.25% 新洁尔灭溶液的玻璃缸内进行消毒。一定时间后，再经 0.1 MPa 灭菌 20 min 后，取出冲洗。

（3）带菌载玻片及盖玻片。使用后不得放在桌子上，应立即转入含有 5% 石炭酸或 0.25% 新洁尔灭溶液的玻璃缸内进行消毒，用镊子夹出并经蒸馏水洗净后，置于载玻片架上晾干，待用。

（4）带菌并含油脂的玻璃器皿。带菌并含油脂的玻璃器皿需要单独进行灭菌（灭菌条件为：0.1 MPa，20～30 min），以免沾污其他玻璃仪器。趁热倒去玻璃器皿中的污物，倒置在铺有吸油纸的托盘上，在 100 ℃烘箱中烘烤 30 min，冷却至 60 ℃左右取出器皿，用 5% 碳酸氢钠水煮 2 次，用肥皂水刷洗干净。

注意事项：

（1）清洗时应注意个人安全，应先戴好手套，再进行洗涤。

（2）不能用具有腐蚀作用的化学试剂或硬度大于玻璃的物品对玻璃器皿进行擦拭，以免对玻璃器皿造成损坏。

（3）清洗或使用强酸、强碱等具有腐蚀性物质时，溶液不能直接倾倒在洗涤槽内，必须倾倒在废液槽中，集中处理。

（4）在清洗琼脂等可能堵塞下水道的物质时，为避免池体堵塞，应先将凝固的琼脂倒出，用报纸包裹或倒在废料缸内。

（5）使用过的玻璃器皿应立即洗涤，久置可能会增加洗涤难度。

（6）判定玻璃器皿洗涤干净的标准：当玻璃器皿表面被蒸馏水淋洗时，能被水均匀地润湿，布上水薄层而不留下水纹或水珠；若内壁仍挂有水珠，则表明油垢未完全洗净，仍需要用洗涤剂清洗，或浸泡数小时后，再用流水充分清洁。

（7）难洗涤的玻璃器皿和易洗涤的玻璃器皿应该分开清洗；有油垢的玻璃器皿应与无油垢的玻璃器皿分开洗涤，以免无油器皿粘上油垢，增加药剂的使用和洗涤时间。

（8）承载或接触过具有传染性的材料的器皿，洗涤前先进行高压灭菌，洗涤时应注意做好保护措施。

二、玻璃器皿的干燥

1. 不急用的玻璃器皿

对于不急用的玻璃器皿，放在实验室中自然晾干即可。

2. 急用的玻璃器皿

对于急用的玻璃器皿，应先将洗净后的玻璃器皿置于托盘上（或直接）放入烘箱中，在 80~120 ℃烘干。待烘箱温度冷却到 60 ℃左右取出，稍冷后即可使用。

三、玻璃器皿的包扎

1. 培养皿的包扎

洗净的培养皿每 12 组为一套，用旧报纸进行包装，卷成一筒，必要时可以用棉线进行包扎以确保纸筒牢固。将包扎好的培养皿装入高压灭菌锅配置的铁篮中进行灭菌。

2. 吸管的包扎

将吸管洗净、烘干，在吸口用一段用镊子或针塞入一小段（约 1.5 cm

长）脱脂棉花，避免菌体进入吸口处或进行吹气时口中的微生物进入吸管中。塞入的脱脂棉花需要适量，不宜暴露在吸管口的外面，可以使用酒精灯将暴露在外面的棉花点燃、烧去。

将旧报纸裁剪成宽4~5 cm的纸条，每支吸管放在旧报纸的近左端，以约为45°的角度呈螺旋状用纸条卷起。将左端多余的纸条折在吸管上，将整根吸管卷入报纸中，右端多余的报纸拧成条状打结，使纸条不易散开，在纸条上标上吸管容量。

用一张大报纸包好吸管，置于烘箱中干热灭菌。灭菌后的吸管应在需要时从中间拧断纸条，抽出使用。

3. 试管的包扎

在包扎试管时，需要准备合适大小的棉花作棉塞，以过滤空气，避免空气中的微生物进入试管，污染容器。在制作棉塞时，棉塞要紧贴试管壁且和试管内壁没有皱纹及缝隙。棉塞的长度应不低于试管口直径的2倍，并要求将棉塞的2/3塞进管口。棉塞既不能太紧也不能太松。太紧会导致管口破裂，不易挤入；而太松容易掉落，造成污染。图1为合格棉塞与不合格棉塞示意。

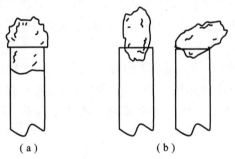

图1　合格棉塞与不合格棉塞示意

（a）合格棉塞；（b）不合格棉塞

塞好棉塞的试管按6~8支为一组包扎在一起（先用报纸包裹棉塞部分，再用棉绳绑紧）。

4. 锥形瓶的包扎

洗净、烘干后的锥形瓶，用无菌封口膜封住瓶口并以棉线包扎。具体地包扎方法：准备一根棉线，长度约为锥形瓶口的3倍。将棉线的一端留有4~5 cm；用拇指按在封口膜上，剩余棉线缠绕拇指和锥形瓶2圈；抽出拇指，用留有的棉线绕成一个小圈穿过拇指抽离后留下的空隙，拉动剩下端的棉线，绑紧瓶口，完成锥形瓶的包扎，进行高压灭菌。

附录二 常用培养基的配方

一、基础培养基

1. 牛肉膏蛋白胨培养基

（1）介绍：牛肉膏蛋白胨培养基一般用于环境中细菌的分离筛选和培养。在微生物领域，牛肉膏蛋白胨培养基是应用非常广泛的一类天然培养基。其主要成分牛肉膏可为微生物提供碳源、磷酸盐和维生素；蛋白胨主要提供氮源和维生素；而 NaCl 则提供无机盐。

（2）配方：牛肉膏 3 g、蛋白胨 10 g、NaCl 5 g、蒸馏水 1 000 mL。

说明：如果要制成液体培养基，则不需要加琼脂；如果要制成半固体培养基，则需加入 3~5 g 琼脂；如果要制成固体培养基，则需加入 15~20 g 琼脂。

（3）pH：7.0~7.2。

（4）灭菌条件：0.103 MPa、121 ℃、20 min。

2. 高氏 1 号培养基

（1）介绍：高氏 1 号培养基主要是用来培养放线菌的一类合成固体培养基。

（2）配方：可溶性淀粉 20 g、KNO_3 1 g、K_2HPO_4 0.5 g、$MgSO_4 \cdot 7H_2O$ 0.5 g、NaCl 0.5 g、$FeSO_4 \cdot 7H_2O$ 0.01 g、琼脂 20 g，蒸馏水 1 000 mL。

（3）pH：7.4~7.6。

（4）灭菌条件：0.103 MPa、121 ℃、20 min。

（5）配制方法：根据配方要求称取一定量的可溶性淀粉并置于烧杯中，用少量冷水将淀粉调制成糊状，再加入少量的沸水进行搅拌，使可溶性淀粉完全溶化。然后称取其他各成分，并依次溶化，调节 pH。

3. 察氏培养基

（1）介绍：察氏培养基是用于培养青霉、霉菌的培养基。

（2）配方：$NaNO_3$ 3 g、$K_2HPO_4 \cdot 3H_2O$ 1 g、$MgSO_4 \cdot 7H_2O$ 0.5 g、KCl 0.5 g、$FeSO_4 \cdot 7H_2O$ 0.01 g、蔗糖 30 g、琼脂 20 g、蒸馏水 1 000 mL。

（3）pH：自然 pH。

（4）灭菌条件：0.103 MPa、115 ℃、20 min。

4. LB 培养基

（1）介绍：LB 培养基是生化分子实验中用来预培养菌种的一种培养基，可以使菌种成倍扩增，以达到使用要求。

（2）配方：胰蛋白胨 10 g、酵母提取物 5 g、NaCl 10 g、蒸馏水 1 000 mL。

说明：如果要制成液体培养基则不需要加入琼脂；如果要制成固体培养基，则需加入 15 – 20 g 琼脂。

（3）pH：7。

（4）灭菌条件：0.103 MPa、121 ℃、20 min。

5. 马铃薯培养基（PDA 培养基）

（1）介绍：PDA 培养基是一种常见的基础培养基，可以用来培养真菌。

（2）配方：马铃薯 200 g、葡萄糖 20 g、蒸馏水 1 000 mL。

说明：如果要制成液体培养基则不需要加入琼脂；如果要制成固体培养基，则需加入 15 g 琼脂。

（3）pH：自然 pH。

（4）灭菌条件：0.103 MPa、115 ℃、20 min。

（5）配制方法：马铃薯去皮，切成块加入蒸馏水，煮沸 30 min。注意，煮制过程中要适当补水。用纱布过滤，滤液加入葡萄糖，补足水至 1 000 mL，装入三角瓶中，高温蒸汽灭菌。

6. 麦芽汁培养基

（1）介绍：麦芽汁培养基常用于保存乳酸菌。

（2）配方：麦芽汁 150 mL 琼脂 20 g。

（3）pH：6.4。

（4）灭菌条件：0.103 MPa、121 ℃、20 min。

（5）制作方法：

①取一定量的大麦或者小麦，反复冲洗后，用自来水浸泡 24 h；将其置

于搪瓷盘中于 15 ℃条件下催芽，盖上湿纱布；每隔一定时间对大麦或小麦进行淋水保湿，待麦根伸长至麦粒两倍时，停止催芽，烘干后储存，备用。

②按麦芽与水 1:4 的体积比，将干麦芽在研钵中磨碎，置于 65 ℃的水浴锅中糖化 5 h。

③将糖化液用 8 层纱布过滤，滤液如果混浊不清，可用加鸡蛋清法处理，即用一个鸡蛋的蛋清加 20 mL 水，调匀，使之产生泡沫，倒入糖化液中并搅拌煮沸后再过滤。

④将滤液稀释到密度为 1.036～1.043 g/cm³，然后加入 20 g 琼脂。

7. 蛋白胨水培养基

（1）介绍：蛋白胨水培养基是一种常用的液体培养基，可为细菌生长提供氮源。

（2）配方：蛋白胨 10 g、NaCl 5 g、蒸馏水 1 000 mL。

（3）pH：7.8。

（4）灭菌条件：0.103 MPa、121 ℃、20 min。

8. 肉膏胨淀粉培养基

（1）介绍：肉膏胨淀粉培养基是一种用于培养细菌的培养基。

（2）配方：牛肉膏 3 g、NaCl 5 g、蛋白胨 10 g、琼脂 15～20 g、淀粉 2 g、蒸馏水 1 000 mL。

（3）pH：7.6。

（4）灭菌条件：0.103 MPa、121 ℃、20 min。

9. 麦氏培养基（醋酸钠培养基）

（1）介绍：麦氏培养基是一种用于培养酵母菌的培养基。

（2）配方：葡萄糖 1 g、KCl 1.8 g、酵母浸膏 2.5 g、醋酸钠 8.2 g、琼脂 15～2 g、蒸馏水 1000 mL。

（3）pH：5.8～6。

（4）灭菌条件：0.103 MPa、113 ℃、20 min。

10. 柠檬酸盐培养基

（1）介绍：柠檬酸盐培养基是一种用于测定血清、血浆及相关液体样本的培养基。

（2）配方：柠檬酸钠 2 g、K_2HPO_4 1 g、$NH_4H_2PO_4$ 1 g、NaCl 5 g，$MgSO_4$ 0.2 g、琼脂 15～20 g、1% 溴麝香草酚蓝（酒精溶液）或 0.04% 苯酚红 10 mL、蒸馏水 1 000 mL。

（3）pH：6.8。

（4）灭菌条件：0.103 MPa、121 ℃、20 min。

（5）制作方法：将上述各成分加热溶解后，调节 pH 至 6.8，然后加入指示剂，摇匀，用脱脂棉过滤。柠檬酸盐培养基制成后为黄绿色。

二、选择培养基

1. 硝化细菌培养基

（1）介绍：硝化细菌培养基是一种培养硝化细菌的培养基。

（2）配方：$NaNO_2$ 1 g、$MgSO_4 \cdot 7H_2O$ 0.03 g、$MnSO_4 \cdot 4H_2O$ 0.01 g、K_2HPO_4 0.75 g、Na_2CO_3 1 g、NaH_2PO_4 0.25 g、琼脂 15～20 g、蒸馏水 1 000 mL。

（3）pH：8.0。

（4）灭菌条件：0.103 MPa、121 ℃、20 min。

2. 亚硝化细菌培养基

（1）介绍：亚硝化细菌培养基是一种培养亚硝化细菌的培养基。

（2）配方：$(NH_4)_2SO_4$ 2 g、$MgSO_4 \cdot 7H_2O$ 0.03 g、$MnSO_4 \cdot 4H_2O$ 0.01 g、K_2HPO_4 0.75 g、$CaCO_3$ 5 g、NaH_2PO_4 0.25 g、琼脂 15～20 g、蒸馏水 1 000 mL。

（3）pH：7.2。

（4）灭菌条件：0.103 MPa、121 ℃、20 min。

3. 反硝化细菌培养基

（1）介绍：反硝化细菌培养基是一种培养反硝化细菌的培养基。

（2）配方：KNO_3 2 g、$MgSO_4 \cdot 7H_2O$ 0.2 g、K_2HPO_4 1 g、KH_2PO_4 1 g、柠檬酸钠（或葡萄糖）5 g、琼脂 15～20 g、蒸馏水 1 000 mL。

（3）pH：7.2～7.5。

（4）灭菌条件：0.103 MPa、121 ℃、20 min。

4. 反硫化细菌培养基

（1）介绍：反硫化细菌培养基是一种培养反硫化细菌的培养基。

（2）配方：乳酸钠 5 g、$MgSO_4 \cdot 7H_2O$ 2 g、K_2HPO_4 1 g、天门冬素 2 g、$FeSO_4 \cdot 7H_2O$ 0.01 g、蒸馏水 1 000 mL。

（3）灭菌条件：0.072 MPa、115 ℃、15～20 min。

（4）检测方法：将接种后的反硫化细菌培养基置于恒温培养箱培养 14

天，加入质量浓度 50 g/L 的柠檬酸铁 1～2 滴，观察平板中是否有黑色沉淀产生，如果有沉淀出现，则证明该微生物发生了反硫化作用。

5. 无氮培养基

（1）介绍：无氮培养基是一种培养自身固氮细菌的培养基。

（2）配方：蔗糖 10 g、KH_2PO_4 2 g、$MgSO_4 \cdot 7H_2O$ 0.6 g、NaCl 0.2 g、$CaCO_3$ 1 g。

（3）pH：7.0～7.2。

（4）灭菌条件：0.103 MPa、121 ℃、20 min。

6. CMC 培养基

（1）介绍：CMC 培养基主要用于培养纤维分解菌。

（2）配方：KH_2PO_4 1 g、NaCl 0.1 g、$FeCl_2 \cdot 7H_2O$ 0.01 g、无水 $CaCl_2$ 0.1g、$NaNO_3$ 2.5 g、$MgSO_4 \cdot 7H_2O$ 0.3 g、甲基纤维素钠 10 g、蒸馏水 1 000 mL。

（3）pH：7.2。

（4）灭菌条件：0.103 MPa、121 ℃、15～20 min。

三、鉴别培养基

1. 酪素培养基

（1）介绍：酪素培养基是一种鉴别产蛋白酶菌株的培养基。该培养基的特征性变化是会产生蛋白水解圈。

（2）配方：KH_2PO_4 0.36 g、$MgSO_4 \cdot 7H_2O$ 0.5 g、$ZnCl_2$ 0.014 g、$Na_2HPO_4 \cdot 7H_2O$ 1.07 g、NaCl 0.16 g、$CaCl_2$ 0.002 g、$FeSO_4$ 0.002 g、酪素 4 g、胰蛋白酶解酪蛋白 0.05 g、琼脂 20 g。

（3）pH：6.5～7.0。

（4）灭菌条件：0.103 MPa、121 ℃、20 min。

2. 明胶培养基

（1）介绍：明胶培养基是一种鉴别产蛋白酶菌株的培养基，该培养基的特征性变化是明胶液化。

（2）配方：NaCl 5 g、蛋白胨 10 g、牛肉膏 3 g、明胶 120 g、蒸馏水 1 000 mL。

（3）pH：7.2～7.4。

（4）灭菌条件：0.103 MPa、121 ℃、30 min。

3. 油脂培养基

（1）介绍：油脂培养基是一种鉴别产脂肪酶菌株的培养基。该培养基的特征性变化是由淡红色变成深红色。

（2）配方：蛋白胨 10 g、牛肉膏 5 g、NaCl 5 g、香油或者花生油 10 g、中性红（体积分数为 1.6% 的水溶液）15 ~ 20 mL、琼脂 20 g、蒸馏水 1 000 mL。

（3）pH：7.2。

（4）灭菌条件：0.103 MPa、121 ℃、20 min。

（5）配制方法：将油和琼脂加无菌水加热溶解，然后调节 pH，加入中性红使培养基呈红色，不断搅拌培养基，并将其分装到锥形瓶中。

4. 淀粉培养基

（1）介绍：淀粉培养基是一种鉴别产淀粉酶菌株的培养基。该培养基的特征性变化是会产生淀粉水解圈。

（2）配方：牛肉膏 5 g、蛋白胨 1 g、NaCl 5 g、可溶性淀粉 2 g、琼脂 20 g、水 1 000 mL。

（3）pH：7.0 ~ 7.2。

（4）配制方法：按配方制作好淀粉培养基并灭菌、倒平板后，吸取浓度为 0.02 mol/L 的碘液或卢戈氏碘液滴加至淀粉平板的菌落周围，观察是否有透明圈的产生。

（5）灭菌条件：0.103 MPa、121 ℃、20 min。

5. H_2S 实验培养基（醋酸铅培养基）

（1）介绍：H_2S 实验培养基是一种鉴别产 H_2S 菌株的培养基，该培养基的特征性变化是会产生黑色沉淀。

（2）配方：1 000 mL 牛肉膏蛋白胨培养基、2.5 g 硫代硫酸钠、10 mL 10% 醋酸铅水溶液。

（3）pH：7.2。

（4）灭菌条件：0.103 MPa、115 ℃、15 min。

（5）配制方法：将 1 000 mL 牛肉膏蛋白胨培养基加热使其完全溶解，待其冷却到 55 ℃ 时，加入硫代硫酸钠 2.5 g，并调节 pH 至 7.2，然后将培养基分装到三角瓶中，经高压灭菌锅灭菌后，在自然冷却至 55 ℃ 时加入 10 mL 浓度为 10% 的醋酸铅水溶液。

6. 伊红美蓝培养基

（1）介绍：伊红美蓝培养基是一种鉴别水中大肠菌群的培养基。该培养基的特征性变化是会产生带金属光泽深紫色菌落。

（2）配方：蛋白胨 10 g、乳糖 10 g、磷酸氢二钾 2 g、琼脂 20～30 g、蒸馏水 1 000 mL、2% 伊红溶液 20mL、0.5 % 美蓝溶液 13 mL。

（3）pH：7.2～7.4。

（4）灭菌条件：0.103 MPa、115 ℃、20 min。

（5）配制方法：用蛋白胨、磷酸氢二钾、琼脂先制成培养基，并将其高压灭菌，备用；临用时加热溶化琼脂并加入乳糖，冷至 50～55 ℃，加入伊红和美蓝溶液。

7. 糖发酵培养基

（1）介绍：糖发酵培养基是一种鉴别肠道细菌的培养基，培养基特征性变化是培养基由紫色变成黄色。

（2）配方：蛋白胨水培养基 1 000 mL、1.6% 溴甲酚紫乙醇溶液 1～2 mL，20% 糖溶液（葡萄糖、乳糖、蔗糖各 10 mL）。

（3）pH：7.6。

（4）配制方法：

①将指示剂溴甲酚紫乙醇溶液加入蛋白胨水培养基中，然后分装于试管中，在每管内放入一个小玻璃管，使之充满培养液，在 0.103 MPa、121 ℃ 条件下灭菌 20 min。

②将糖溶液在 0.103 MPa、115 ℃ 条件下灭菌 30 min。然后，在每个蛋白胨水培养基中加入蛋白胨水 0.5 mL。

附录三　常用试剂和溶液的配制

一、常用染色剂

(一) 革兰氏染液

1. 草酸铵结晶紫溶液

A 液：结晶紫 2 g；95% 乙醇 20 mL。

B 液：草酸铵 0.8 g；蒸馏水 80 mL。

使用前将 A 液与 B 液混合均匀，静置 48 h 后，备用。

2. 革兰氏碘液

碘 1 g；碘化钾 2 g；蒸馏水 300 mL。

称取碘化钾溶于少量蒸馏水中，加入碘，待碘完全溶解后，加水稀释至 300 mL，备用。

3. 番红染液

番红 2.5 g；95% 乙醇 100 mL。

将 2.5 g 番红溶解于 100 mL 95% 乙醇，使用前将该溶液与 80 mL 的蒸馏水混合制成番红稀溶液。

(二) 简单染色法

1. 齐氏 (Ziehl) 石炭酸品红染液

A 液：石炭酸 5 g；蒸馏水 95 mL。

B 液：碱性品红酸铵 0.3 g；95% 乙醇 10 mL。

用研钵研磨碱性品红，并逐步加入95%乙醇，继续研磨至溶解，配成A液；将石炭酸溶于水中配成B液；使用时先将A液与B液混合，然后稀释5～10倍。

2. 罗氏（Loeffler's）亚甲蓝染液

A液：亚甲蓝5 g；95%乙醇100 mL。

B液：氢氧化钾0.01 g；蒸馏水1 000 mL。

（三）芽孢染色

1. 孔雀绿染色液

称取孔雀绿5 g，加入少量蒸馏水使其充分溶解，继续用蒸馏水稀释到100 mL，即成孔雀绿染液。过滤后即可使用。

2. 番红水溶液

称取0.5 g番红，加入少量蒸馏水充分溶解，继续用蒸馏水稀释到100 mL，即成番红水溶液。

（四）荚膜染色液

1. 石炭酸品红溶液

配制方法可参见齐氏石炭酸品红染液的配制方法。

2. 黑色素水溶液

取黑色素5 g溶于100 mL蒸馏水中，煮沸后加入一定量的福尔马林。

3. 荚膜染液

A液：结晶紫染色液。

B液：20%硫酸铜溶液。

称取结晶紫0.1 g，加入少量蒸馏水至烧杯中使其溶解，加100 mL水进行稀释，再加入0.25 mL冰醋酸，可以制成结晶紫染色液。

称取31.3 g硫酸铜，加入少量蒸馏水溶解，并加水将其稀释至100 mL，即可配制成20%硫酸铜脱色剂。

（五）鞭毛染色液

A液：饱和明矾溶液2 mL；5%石炭酸溶液5 mL；20%丹宁酸溶液2 mL。

B液：碱性品红11 g；95%乙醇100 mL。

使用前分别取 A 液 9 mL、B 液 1 mL 混合，将其过滤后，备用。

（六）活体染色剂

1. 中性红染液

称取中性红 1 g 溶于 100 mL 蒸馏水中，即可配成 1% 中性红水溶液。然后吸取该溶液 1 mL，用 0.6% 生理盐水将其稀释并定容至 50 mL，即可配制成 0.02% 中性红水溶液。中性红水溶液一般储存在棕色瓶里，置于黑暗处保存，备用。

2. 尼罗蓝（Nile Blue）染液

取 0.1 g 尼罗蓝溶解于 1 000 mL 蒸馏水中，即成尼罗蓝染液。

3. 亚甲蓝染液

取 0.1 g 亚甲蓝，加少量蒸馏水溶解，再加蒸馏水稀释到 1 000 mL 蒸馏水，即成亚甲蓝染液。

（七）异染颗粒染色剂

A 液：甲苯胺蓝 0.15 g；孔雀绿 0.2 g；冰醋酸 1 Ml，95% 乙醇 2 Ml；蒸馏水 100 mL。

B 液：碘 2 g；碘化钾 3 g；蒸馏水 300 mL。

将甲苯胺蓝、孔雀绿、冰醋酸溶于乙醇中，将冰醋酸溶于 100 mL 蒸馏水，然后将两种溶液混匀，静置 24 h 后，过滤，备用。

先将碘化钾加入到少量蒸馏水溶解，再加入碘，使其充分溶解后，加蒸馏水定容至 300 mL。

附录四　常用菌种的保藏方法

一、斜面低温保藏法

（1）根据所保藏菌种的不同，配制适合微生物生长繁殖的固体培养基。一般要求培养基有较丰富的有机氮，同时应尽可能降低糖的含量。

（2）用棉花塞将试管封口，并用报纸将数只试管捆成一捆；将试管、培养基、接种环放入高压灭菌锅灭菌（灭菌条件：121 ℃，20 min）。

（3）在超净台内将培养基倒入试管中，并将试管倾斜一定角度，待培养基凝固。

（4）在超净台内用接种环将菌种移植至试管培养基斜面上，用棉塞密封口，用报纸包住试管头部，捆成一捆，并做好标记。

（5）将菌种置于恒温培养箱中恒温培养，待菌丝长满整个斜面后，转移到 4~6 ℃条件下低温保藏。菌种在保藏期间切勿使棉塞受潮，并定期检查试管斜面菌株是否有杂菌污染。

（6）菌株的保藏时间依微生物的种类不同而异。细菌一般是每 3 个月移种 1 次；放线菌、霉菌等真菌的一般为 6 个月移种 1 次。

二、液体石蜡保藏法

（1）先将液体石蜡配置好并分装在三角瓶内；然后塞上棉塞，并用牛皮纸包扎，置于高压灭菌锅灭菌（灭菌条件：121 ℃，30 min）；最后将其置于 40 ℃恒温培养箱中，使其水分蒸发掉，经无菌检查后，备用。

（2）将需要进行保藏的菌种接种于斜面培养基上，在最适宜该微生物生

长的温度下恒温培养，可以得到较为健壮优良的菌体或孢子。

（4）在无菌操作间内，用灭菌吸管吸取备用的灭菌液体石蜡，注到已长好菌的斜面培养基上。为使菌种与空气隔绝，注入液体石蜡的液面应高出斜面顶端大约 1 cm。

（5）将试管直立，置于低温（4~6 ℃）干燥处或室温保藏。保藏期间应定期检查是否有杂菌污染或者培养基露出液面，如果存在上述现象，则要及时补充无菌液体石蜡。

三、沙土管保藏法

（1）向沙土样品加入 10% 稀盐酸，加热煮沸 30 min（或浸泡 24 h），以去除其中的有机质。如沙土中有机质较多，可用更高浓度的盐酸。将上层清液倒去，用纯水浸泡，并冲洗至中性；烘干后过 40 目筛去除粗颗粒，备用。

（2）另采集不含腐植质的非耕作层土壤，加纯水浸泡并反复洗涤，直至中性为止；将土样烘干碾碎，过 100 目筛去除粗颗粒，备用。

（3）按沙∶土比 2∶1 或 3∶1 的比例（也可根据实验需要，配制其他比例，或者可以全部用沙或全部用土）混合均匀，把混合均匀的沙土分装在小试管或安瓿管中，每管高度约为 1 cm，塞上棉塞后将其置于高压灭菌锅中进行灭菌，烘干。

（4）对灭菌后的沙土进行抽样无菌检查，每 10 支沙土管抽 1 支，在无菌的麦芽汁、营养肉汁和豆芽汁等培养基中加入沙土，置于恒温培养箱中，并在 37 ℃条件下培养 24~48 h；检查试管中是否有杂菌产生，如有杂菌生长则需重新进行灭菌，再做检查并发现无杂菌生长后，才可使用。

（5）用无菌移液枪吸取 3~5 mL 无菌水至培养好菌种的斜面培养基中，洗下微生物菌体或孢子，将其配制成菌悬液。

（6）用无菌吸管吸取约 0.3 mL 菌悬液均匀滴入沙土管中，并搅拌均匀（放线菌和霉菌可直接用接种环接种至沙土管中）。

（7）将沙土管置于真空干燥箱中，低温干燥去除其中水分后置于干燥器内。

（8）将检查合格的沙土管用火焰熔封管口进行处理，制好后置于低温或室内进行干燥处理保藏。每 3~6 个月检查一次沙土保藏菌种的活力和杂菌生长情况。用此方法，通常可以保藏 2~10 年。

四、滤纸片低温冷冻保藏法

（1）滤纸片的制备：用打孔器将滤纸片制成直径 3 mm 的圆形小纸片，放入安瓿瓶中，塞上棉塞，于高压灭菌锅灭菌中 121 ℃条件下灭菌 30 min。

（2）在无菌平板的培养基中接种需要保存的菌株，为了使菌种充分生长繁殖，选择最适宜的温度对其进行恒温培养。

（3）在无菌操作间内，用灭菌镊子夹住滤纸片，使其在无菌平板上刮取至少 3 个单菌落，缓慢转入保存瓶中，每个瓶至少放置 10 片，塞好棉塞后，用火焰进行熔封。

（4）用记号笔在瓶的外壁上注明菌种序号、种类、菌种名称及保存时间。

（5）将装有菌片的该瓶置于冰箱中冷冻保存（－20 ℃及以下），30 天后集中置于专用固定保存菌种的 －30 ℃低温冰箱中保存。

五、冷冻干燥保存法

（1）先将玻璃瓶用 2% 的盐酸浸泡大约 8 h，然后用自来水反复冲洗，最后用纯水洗至中性，干燥后塞上棉塞，于高压灭菌锅灭菌中 121 ℃条件下灭菌 30 min。

（2）在斜面培养基表面接种需要保藏的菌种，并于最适宜的温度下恒温培养，使其充分生长繁殖，可以得到健壮的菌体或孢子。

（3）在超净台内，在已长好菌种的斜面培养基中，加入灭菌脱脂奶（或血清、卵白等保护剂）制成菌悬液。将菌悬液分装于备好的安瓿瓶中，每只安瓿瓶约装 0.2 mL。

（4）将分装好的安瓿管置于低温冰箱中进行冷冻处理，然后将冷冻后的安瓿瓶置于真空干燥箱中，真空冷冻干燥 8 ~ 12 h，直至水分被抽干，并在真空状态下熔封安瓿瓶，置于 －20 ℃下保藏。

六、液氮冷冻保藏法

（1）用 2% 的盐酸将安瓿瓶浸泡 10 ~ 12 h 后，用自来水冲洗干净，再用纯水洗至中性，干燥后再往安瓿瓶中注入冷冻保护剂（10% ~ 20% 甘油 0.8 mL），塞上棉塞，于高压灭菌锅灭菌内于 121 ℃温度下灭菌 30 min。

（2）用10%的甘油蒸馏水溶液将菌种配制成菌种菌悬液，转入已灭菌的安瓿管中；霉菌菌丝体用灭菌打孔器，从平板内切取菌落圆块，细菌用接种针挑取菌落接入含有保护剂的安瓿管内，用火焰熔封瓶口后，浸入水中检查有无漏洞。

（3）将已封口好的安瓿瓶置于冻结器内，以每分钟下降 1 ℃的慢速冻结至 -30 ℃。若细胞急剧冷冻，则在细胞内会形成冰的结晶，导致菌种存活率降低。

（4）将冻结至 -30 ℃的安瓿瓶立即放入液氮冷冻保藏器的小圆筒内，然后将小圆筒放入液氮保藏器内。液氮保藏器内的气相为 -150 ℃，液态氮内为 -196 ℃。